浙江省建设工程其他费用定额

（2018版）

中 国 计 划 出 版 社

2020 北 京

图书在版编目（CIP）数据

浙江省建设工程其他费用定额 ：2018版 / 浙江省发展和改革委员会主编. -- 北京 ：中国计划出版社，2020.10（2025.4重印）
ISBN 978-7-5182-1242-2

Ⅰ. ①浙… Ⅱ. ①浙… Ⅲ. ①建筑工程－建筑预算定额－浙江 Ⅳ. ①TU723.34

中国版本图书馆CIP数据核字(2020)第184349号

浙江省建设工程其他费用定额（2018 版）

浙江省发展和改革委员会　主编

中国计划出版社出版发行
网址：www.jhpress.com
地址：北京市西城区木樨地北里甲 11 号国宏大厦 C 座 4 层
邮政编码：100038　电话：（010）63906433（发行部）
北京天宇星印刷厂印刷

880mm × 1230mm　1/16　10.75 印张　331 千字
2020 年 10 月第 1 版　2025 年 4 月第 8 次印刷
印数 8001—8500 册

ISBN 978-7-5182-1242-2
定价：55.00 元

浙江省建设工程其他费用定额

（2018 版）

主编单位：浙江省发展和改革委员会
参编单位：浙江省财政项目预算审核中心
浙江省建设工程造价管理总站
浙江省自然资源征收中心
浙江省公共资源交易中心
浙江金诚工程造价咨询事务所有限公司

主　　编：陈衡治
副 主 编：俞　晓　马晓瑛　高卫贞　陈　奎
参　　编：蔡红伟　王智锋　方团团　郭佳燕
顾　　问：俞富桥　李仲尧

审　核:浙江省建设工程计价依据(2018 版)编制工作专家组

组　长:邓文华　浙江省建设工程造价管理总站站长

副组长:俞　晓　浙江省发展和改革委员会基本建设综合办公室副主任
马　勇　浙江省财政厅经济建设处副处长
戚程旭　浙江省住房和城乡建设厅建筑市场监管处副处长
周　易　浙江省住房和城乡建设厅计划财务处副处长
韩　英　浙江省建设工程造价管理总站副站长
汪亚峰　浙江省建设工程造价管理总站副站长
季　挺　浙江省建设工程造价管理总站副站长

成　员:李仲尧　浙江省公共资源交易中心主任
俞富桥　浙江省财政项目预算审核中心副主任
袁　旻　杭州市建设工程造价和投资管理办公室主任
傅立群　宁波市建设工程造价管理处处长
胡建明　浙江省建设工程造价管理总站副总工程师
田忠玉　浙江省建设工程造价管理总站定额管理室主任
蔡临申　浙江省建设工程造价管理总站造价信息室主任
毛红卫　浙江省建投集团投资与成本合约部总经理
单国良　歌山建设集团有限公司总裁助理
陈建华　万邦工程管理咨询有限公司总经理
黄志挺　建经投资咨询有限公司董事长
华钟鑫　浙江中达工程造价事务所有限公司董事长
蒋　磊　浙江耀信工程咨询有限公司董事长
史文军　原浙江省建工集团有限责任公司总经济师

审　定:浙江省建设工程计价依据(2018 版)编制工作领导小组

组　长:项永丹　浙江省住房和城乡建设厅厅长

副组长:朱永斌　浙江省住房和城乡建设厅党组成员、浙江省建筑业管理总站站长
杜旭亮　浙江省发展和改革委员会副主任
邢自霞　浙江省财政厅副厅长

成　员:陈衡治　浙江省发展和改革委员会基本建设综合办公室主任
倪学军　浙江省财政厅经济建设处处长
宋炳坚　浙江省住房和城乡建设厅建筑市场监管处处长
施卫忠　浙江省住房和城乡建设厅计划财务处处长
邓文华　浙江省建设工程造价管理总站站长

浙江省住房和城乡建设厅　浙江省发展和改革委员会
浙江省财政厅关于颁发《浙江省工程建设其他费用定额(2018版)》等七部定额的通知

浙建建发〔2020〕16号

各市建委(建设局)、发展改革委、财政局:

为深化工程造价管理改革,完善工程计价依据体系,健全工程造价管理机制,根据省建设厅、省发展改革委、省财政厅联合印发的《关于组织编制〈浙江省建设工程计价依据(2018版)〉的通知》(建建发〔2017〕166号)要求,由省建设工程造价管理总站(省标准设计站)负责组织编制的《浙江省工程建设其他费用定额(2018版)》《浙江省房屋建筑与装饰工程概算定额(2018版)》《浙江省通用安装工程概算定额(2018版)》《浙江省市政工程概算定额(2018版)》《浙江省房屋建筑安装工程修缮预算定额(2018版)》《浙江省市政设施养护维修预算定额(2018版)》《浙江省园林绿化养护预算定额(2018版)》(以下简称"七部定额")通过审定,现予颁发,并就有关事项通知如下,请一并贯彻执行。

一、2018版计价依据是指导投资估算、设计概算、施工图预算、招标控制价、投标报价的编制以及工程合同价约定、竣工结算办理、工程计价纠纷调解处理、工程造价鉴定等的依据。规费取费标准是投资概算和招标控制价的编制依据,投标人根据国家法律、法规及自身缴纳规费的实际情况,自主确定其投标费率,但在规费政策平稳过渡期内不得低于标准费率的30%。当政策发生变化时,再另行发文规定。

二、七部定额自2020年10月1日起施行。《浙江省建筑工程概算定额(2010版)》《浙江省安装工程概算定额(2010版)》《浙江省市政设施养护维修定额(2003版)》《浙江省工程建设其他费用定额(2010版)》同时停止使用。

三、凡2020年9月30日前签订工程发承包合同的项目,或工程发承包合同在2020年10月1日后签订但工程开标在2020年9月30日前完成的项目,除工程合同或招标文件有特别约定外,仍按原"计价依据"规定执行。涉及后续人工费动态调整的,统一采用人工综合价格指数进行调整。

四、各级建设、发展改革、财政等部门要高度重视2018版计价依据的贯彻实施工作，造价管理机构要加强检查指导，确保2018版计价依据的正确执行。

2018版计价依据由省建设工程造价管理总站（省标准设计站）负责解释与管理。

浙江省住房和城乡建设厅

浙江省发展和改革委员会

浙　江　省　财　政　厅

2020年5月29日

目　录

第一章　总　　则

一、《浙江省建设工程其他费用定额》(2018 版)(以下简称本定额)在《浙江省工程建设其他费用定额》(2010 版)的基础上,依据国家和浙江省颁发的有关法律、法规、政策和规定修编而成,是浙江省编制、审批工程建设项目初步设计概算,核定工程建设其他费用的指导依据,也是编制项目建议书和可行性研究报告,审批工程建设项目投资估算的依据性文件。本定额是政府投资项目投资估算、概算的编制依据,也可供企业投资项目时参考。

本定额适用于浙江省境内的工程建设项目。为方便专业工程初步设计概算的编制和审批,本定额还收集了有关专业工程(水运、公路、电网)的其他费用定额。

对于一般建设项目中很少发生或具有显著行业特征的工程建设其他费用,如移民安置费、水资源保护费、水土保持评价费、地震安全性评价费、地质灾害危险性评价费、河道占用补偿费、超限设备运输特殊措施费、航道围护费、植被恢复费、种质检测费、引种测试费、特大型基坑和距运行地铁 50m 内深基坑的监测费等,在费用具体发生时应依据有关政策规定计取。

本定额已包括的各子项费用内容,编制概算时不得再单独计列相应费用或者类似内容费用;各子项费用在同一项目中不得重复发生;已计取编制费用的咨询服务类子项,不得再计列该子项相应的审核、评估费用。

建设项目实行建设全过程工程咨询服务模式的,各咨询服务类子项费用按本定额相关规定标准计取,并根据全过程咨询实施内容计入全过程工程咨询管理费,项目建设管理费等额扣除。

二、建设项目总投资由建设投资、建设期贷款利息、固定资产投资方向调节税(暂停征收)和铺底流动资金组成(见表 1–1)。其中建设投资由工程费用、工程建设其他费用、工程预备费三部分组成(见图 1–1)。

表 1–1　建设项目总概算费用组成表

<table>
<tr><th colspan="4">费用项目名称</th></tr>
<tr><td rowspan="22">建设项目概算总投资</td><td rowspan="19">建设投资</td><td rowspan="3">第一部分:
工程费用</td><td>建筑工程费</td></tr>
<tr><td>设备购置费</td></tr>
<tr><td>安装工程费</td></tr>
<tr><td rowspan="14">第二部分:
工程建设其他费用</td><td>建设管理费</td></tr>
<tr><td>建设用地费</td></tr>
<tr><td>可行性研究费</td></tr>
<tr><td>研究试验费</td></tr>
<tr><td>勘察设计费</td></tr>
<tr><td>环境影响评价费</td></tr>
<tr><td>节能评估费</td></tr>
<tr><td>场地准备及临时设施费</td></tr>
<tr><td>引进技术和引进设备其他费</td></tr>
<tr><td>工程保险费</td></tr>
<tr><td>联合试运转费</td></tr>
<tr><td>市政公用设施费</td></tr>
<tr><td>专利及专有技术使用费</td></tr>
<tr><td>生产准备及开办费</td></tr>
<tr><td rowspan="2">第三部分:
工程预备费</td><td>基本预备费</td></tr>
<tr><td>涨价预备费</td></tr>
<tr><td colspan="3">建设期贷款利息</td></tr>
<tr><td colspan="3">固定资产投资方向调节税(暂停征收)</td></tr>
<tr><td colspan="3">铺底流动资金</td></tr>
</table>

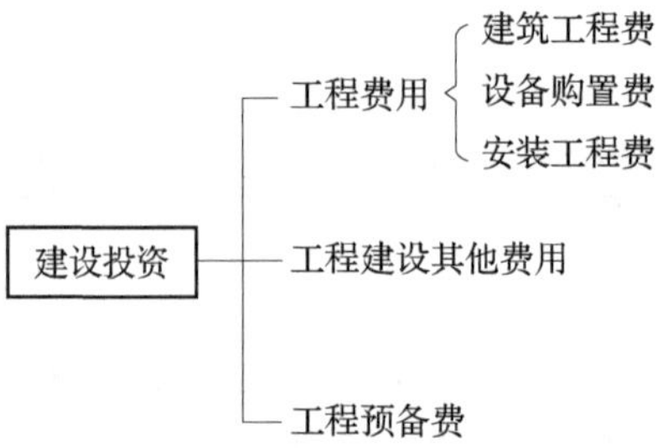

图 1-1 建设投资的组成

工程建设其他费用是指建设项目自建设意向成立、筹建到竣工验收办理财务决算止的整个建设期间,为保证建设顺利完成和交付使用后能够正常发挥效用而发生的各项费用总和。其主要包括建设管理费、建设用地费、可行性研究费、勘察设计费、工程评价费、工程保险费、场地准备及临时设施费,以及建设项目配套的其他有关费用等。

三、工程建设的条件和要求千差万别,实际应该计取的费用项目和标准,必须根据相应项目收费规定和工程的不同情况,按“政府引导、市场运作”原则,由初步设计审批部门或项目投资主体单位最终审定。政府投资项目工程初步设计概算一经批准即是建设项目投资的控制数,各有关单位及项目业主单位均应以此为依据,严格执行。

四、本定额有关其他费用的文件收集时间截至 2019 年 12 月 31 日,此后国家及浙江省、各市有关部门另有新的文件及规定的,则按新颁布的文件及规定执行。

五、本定额与新颁布《浙江省房屋建筑与装饰工程概算定额》(2018 版)、《浙江省通用安装工程概算定额》(2018 版)、《浙江省市政工程概算定额》(2018 版)配套执行。

六、在执行本定额新计价依据中,有关房屋建筑工程、市政工程、地铁工程遇到的问题,由浙江省住房和城乡建设厅商请浙江省发展和改革委员会、浙江省财政厅等主管部门同意后做出解释。有关交通、电力、水利等专业工程遇到的问题,由浙江省交通、电力、水利等主管部门负责解释。

第二章　工程建设其他费用
（房屋建筑工程、市政工程、地铁工程）

工程建设其他费用的组成见图 2–1。

- 工程建设其他费用
  - 建设管理费
    - 项目建设管理费
    - 建设管理其他费
    - 工程监理费
  - 建设用地费
    - 统一征地，净地出让 —— 土地使用权出让金
    - 统一征地，划拨土地
      - 土地补偿费、安置补助费
      - 青苗及地面附着物补偿费
      - 被征地农民基本生活保障资金
      - 耕地占用税
      - 耕地开垦费
      - 补充耕地（标准农田）指标调剂资金（耕地占补平衡费）
      - 新增建设用地有偿使用费
      - 城镇土地使用税
      - 土地复垦费
      - 外商投资企业场地使用费
      - 海域使用金
      - 无居民海岛使用金
      - 矿产资源有偿使用费用
      - 不动产登记费
      - 建设用地地质灾害危险性评估费
      - 森林植被恢复费
      - 水土保持补偿费
      - 水利建设专项资金（暂停征收）
      - 新菜地开发建设基金（暂停征收）
      - 其他费用——建设用地勘测定界费
        地上、地下附着物和房屋拆迁评估费
  - 可行性研究费
  - 研究试验费
  - 勘察设计费
    - 工程勘察费
    - 工程设计费
  - 环境影响评价费
  - 节能评估费
  - 场地准备及临时设施费
  - 引进技术和引进设备其他费
  - 工程保险费
  - 联合试运转费
  - 市政公用设施费
    - 市政基础设施配套费（集镇配套设施建设费）
    - 高可靠性供电费
    - 人防工程异地建设费
    - 城市易地绿化补偿费
  - 专利及专有技术使用费
  - 生产准备及开办费
    - 人员培训及提前进厂（场）费
    - 初期正常生产（使用）必需的生产办公、生活家具用具购置费
    - 不够固定资产标准的生产工具、器具购置费

图 2–1　工程建设其他费用的组成

第一节　建设管理费

建设管理费是指建设单位从项目建设意向成立、筹建之日起至工程竣工验收合格办理竣工财务决算为止发生的项目建设管理费用。浙江省建设项目建设管理费用标准见表 2–1。

表 2–1　浙江省建设项目建设管理费用标准

序号	费用项目	费用标准		参考依据	备注
1	项目建设管理费：是指项目建设单位从项目筹建之日起至办理竣工财务决算之日止发生的管理性质的支出。 包括：不在原单位发工资的工作人员工资及相关费用、办公费、办公场地租用费、差旅交通费、劳动保护费、工具用具使用费、固定资产使用费、招募生产工人费、技术图书资料费（含软件）、业务招待费、施工现场津贴、竣工验收费和其他管理性质开支	费率（%）	工程费用（万元）	财建〔2016〕504 号	注：1. 项目建设管理费实行总额控制，采用差额分档累进制计算。 2. 实行代建制管理的项目，一般不得同时列支代建管理费和项目建设管理费，确需同时发生的，两项费用之和不得高于本标准费用限额。 3. 实行施工阶段全过程造价咨询的项目，项目建设管理费乘以系数 0.7。 4. 采用 EPC 模式的项目，各项费用仍按本定额规定计算，不单独计列总承包管理费
		2.3	1 000 以内		
		1.7	5 000		
		1.4	10 000		
		1.2	50 000		
		0.9	100 000		
		0.5	100 000 以上		
2	建设管理其他费：是指建设项目自建设意向成立起至办理竣工财务决算之日发生的工程招标代理服务费、工程造价咨询服务费（含工程量清单编制、施工阶段全过程造价咨询、竣工财务决算编制）、工程款支付担保费、竣工验收时必须发生的各项检测费和验收费、前期测绘等在项目建设管理费中未包含的项目实施管理中发生的管理性质费	费率（%）	工程费用（万元）		注：1. 建设管理其他费采用差额分档累进制计算。 2. 建设管理其他费已包含项目实施管理中必须发生的费用。 3. 建设管理其他费含施工阶段全过程造价咨询费用，包括分阶段结算和竣工结算审核费用，政府投资项目不得再计列结算审核基本费和核减追加（绩效）费。 4. 不实行施工阶段全过程造价咨询的项目，建设管理其他费乘以系数 0.75
		1.8	1 000 以内		
		1.32	5 000		
		0.96	10 000		
		0.6	50 000		
		0.48	100 000		
		0.24	100 000 以上		
3	工程监理费	收费基价（万元）	工程费用（万元）		注：1. 工程复杂系数达Ⅲ级或者有特别注明的工程可在此费用基础上乘以复杂系数 1.15~1.25。 2. 实行施工阶段全过程造价咨询的项目，相应工程监理费乘以系数 0.92
		13.2	500		
		24.1	1 000		
		62.5	3 000		
		96.6	5 000		
		144.8	8 000		

续表 2–1

序号	费用项目	费用标准		参考依据	备注
3	工程监理费	收费基价（万元）	工程费用（万元）		3. 监理Ⅲ工程复杂系数参考表 2–2。 4. 具体收费标准可根据工程费用在相对应的区间内用插入法计算
		174.9	10 000		
		314.7	20 000		
		566.6	40 000		
		793.1	60 000		
		1 004.6	80 000		
		1 205.6	100 000		
		2 170.0	200 000		
		3 906.1	400 000		
		5 468.5	600 000		
		6 926.7	800 000		
		8 312.1	1 000 000		

表 2–2　监理Ⅲ工程复杂程度表

监理Ⅲ工程复杂程度表	适用工程
建筑、人防工程Ⅲ复杂程度表	1. 高度≥ 50m 的公共建筑工程，或跨度≥ 36m 的厂房和仓储建筑工程； 2. 高标准的古建筑、保护性建筑； 3. 防护级别为四级以上的人防工程； 4. 高度≥ 120m 的高耸构筑物
公路桥梁、城市桥梁和隧道工程Ⅲ复杂程度表	1. 主跨≥ 250m 的拱桥，单跨≥ 250m 的预应力混凝土连续结构，≥ 400m 的斜拉桥，≥ 800m 的悬索桥； 2. 连拱隧道、水底隧道、长度≥ 3 000m 的隧道工程； 3. 城市互通式立交桥
市政公用、园林绿化工程Ⅲ复杂程度表	1. ≥ $3m^3/S$ 的给水、污水泵站，≥ 10 万吨 / 日的给水厂工程，≥ 5 万吨 /7 日的污水处理厂工程； 2. 城市高压燃气管网（站），≥ 1 $000m^3$ 的液化气贮罐场（站）； 3. 垃圾焚烧工程； 4. 海底排污管线，海水取排水、淡化及处理工程

第二节　建设用地费

浙江省建设项目用地涉及费用标准见表 2–3。

表 2–3 浙江省建设项目用地涉及费用标准

序号	收费项目	执收单位	收费对象	收费标准	收费范围	收费依据	备注
一、	统一征地,净地出让项目						
1	国有建设用地使用权出让金	出让人	竞买人	按网上招拍挂结果,实行市场调节		《土地管理法》《招标拍卖挂牌出让国有建设用地使用权规定》(国土资源部令第 39 号)、《浙江省国土资源厅关于全面实施国有建设用地使用权出让网上交易工作的通知》(浙土资发〔2017〕12 号)、《浙江省国土资源厅关于印发〈浙江省国有建设用地使用权出让网上交易规则(试行)〉的通知》(浙土资规〔2017〕4 号)	
二、	统一征地,划拨供地项目						
(一)	征地补偿及安置相关费用						
1	土地补偿费、安置补助费	当地征地部门	用地单位	自 2017 年 9 月 1 日起,全省征地补偿最低区片综合价按以下标准执行:征收耕地、其他农用地(除林地以外)和建设用地,一类地区不低于 5.4 万元/亩、二类地区不低于 4.5 万元/亩、三类地区不低于 3.7 万元/亩;征收林地、未利用地,一类地区不低于 2.8 万元/亩、二类地区不低于 2.3 万元/亩、三类地区不低于 1.9 万元/亩。各地区分类不做调整。具体见各地文件规定	征收的集体土地,国有农用地或国有农(林)场用地可参照	《土地管理法》《土地管理法实施条例》《国土资源部、农业部关于加强国有农场土地使用管理的意见》(国土资发〔2008〕202 号)、《浙江省征地补偿和被征地农民基本生活保障办法》(浙江省人民政府令第 264 号)、《浙江省人民政府关于调整完善征地补偿安置政策的通知》(浙政发〔2014〕19 号)、《浙江省国土资源厅关于重新公布全省征地补偿最低保护标准的通知》(浙土资发〔2017〕28 号)及地方相关政策文件	
2	青苗及地面附着物补偿费	当地征地部门	用地单位	按照当地补偿标准或经第三方评估价	征收的集体土地,国有农用地或国有农(林)场用地可参照		

续表 2–3

序号	收费项目	执收单位	收费对象	收费标准	收费范围	收费依据	备注
3	被征地农民基本生活保障资金	当地社保部门	用地单位	需要交纳被征地农民基本生活保障资金政府补贴部分，具体标准按照当地政策文件规定执行；交通、能源、水利等单独选址建设项目，被征地农民的相关社会保障费用应当足额列入工程概算	经省级以上人民政府批准征收集体所有耕地和其他农用地，并据此核准参保的	《浙江省征地补偿和被征地农民基本生活保障办法》（浙江省人民政府令第264号）、《浙江省人民政府关于调整完善征地补偿安置政策的通知》（浙政发〔2014〕19号）、《浙江省人力资源和社会保障厅等5部门关于完善被征地农民衔接转入企业职工基本养老保险政策的通知》（浙人社发〔2017〕59号）及地方相关政策文件	
（二）	各类规税费						
4	耕地占用税	税务部门	用地单位	占用耕地适用税额分为50元/m^2、45元/m^2、35元/m^2、25元/m^2四档（详见浙江省人大第16号公告），园地、林地、草地、农田水利用地、养殖水面、渔业水域滩涂以及其他农用地的耕地占用税适用税额，按照上述适用税额标准的百分之六十执行；涉及基本农田的在上述基础上提高50%；铁路线路、公路线路、飞机场跑道、停机坪、港口、航道占用耕地，按2元/m^2收取；农村居民在规定用地标准以内占用耕地新建自用住宅，按照当地适用税额减半征收耕地占用税；其中农村居民经批准搬迁，新建自用住宅占用耕地不超过原宅基地面积的部分，免征耕地占用税	占用耕地、园地、林地、草地、农田水利用地、养殖水面、渔业水域滩涂以及其他农用地建设建筑物、构筑物或者从事非农业建设的，均属于耕地占用税征收范围	《耕地占用税法》（2019年9月1日起实施）、《浙江省人民代表大会常务委员会关于耕地占用税适用税额的决定》（浙江省第十三届人民代表大会常务委员会公告第16号）	

续表 2-3

序号	收费项目	执收单位	收费对象	收费标准	收费范围	收费依据	备注
5	耕地开垦费	自然资源部门	用地单位	根据不同地区标准为 40~72 元 /m^2,其中占用永久基本农田、标准农田的按当地耕地开垦费最高标准两倍执行,占用基本农田示范区耕地的按照三倍执行	非农业建设经批准占用的耕地、园地	《浙江省人民政府关于调整耕地开垦费征收标准等有关问题的通知》(浙政发〔2008〕39 号)、《浙江省人民政府办公厅关于进一步加强耕地占补平衡管理的通知》(浙政办发〔2014〕25 号)、《中共浙江省委 浙江省人民政府关于加强耕地保护和改进占补平衡的实施意见》(浙委发〔2018〕10 号)	
6	新增建设用地有偿使用费	自然资源部门	新增建设用地的市县人民政府	根据财综〔2006〕48 号文件规定,14~80 元 /m^2,具体按地区所在土地等别确定标准	土地利用总体规划确定的城市(含建制镇)建设用地范围内的新增建设用地(含村庄和集镇新增建设用地);在水利水电工程建设中,移民迁建用地占用城市(含建制镇)土地利用总体规划确定的经批准超出原建设用地面积的新增建设用地;跨城市建设、用地范围的单独选址建设项目,其在城市建设用地范围内的部分,应当按照财综〔2006〕48 号文件规定征收新增建设用地土地有偿使用费;其在城市建设用地范围外的新增建设用地,依法以出让等有偿使用方式供应的,应当按照财综〔2006〕48 号文件规定征收新增建设用地土地有偿使用费,依法以划拨方式供应的不征收新增建设用地土地有偿使用费	《财政部 国土资源部 中国人民银行关于调整新增建设用地土地有偿使用费政策等问题的通知》(财综〔2006〕48 号)、《关于新增建设用地土地有偿使用费征收范围有关问题的复函》(国土资厅函〔2007〕96 号、《国土资源部关于调整部分地区土地等别的通知》(国土资发〔2008〕308 号)	

续表 2-3

序号	收费项目	执收单位	收费对象	收费标准	收费范围	收费依据	备注
7	补充耕地指标调剂资金（耕地占补平衡费）	自然资源部门	使用补充耕地指标单位	1. 国家统筹补充耕地价格：基准价和产能之和乘以省份调节系数确定，基准价 10 万元 / 亩，其中水田 20 万元 / 亩，产能每百公斤 2 万元，调节系数 1.5；使用跨省调剂城乡建设用地增减挂钩节余指标价格 50 万元 / 亩，附加规划建设用地规模的，每亩再增加 50 万元 / 亩； 2. 省内跨区调剂补充耕地指标价格：补充耕地数量指标 15 万元 / 亩，补充水田指标 15 万元 / 亩，粮食产能指标每亩每百公斤 1 万元；省统筹补充耕地补助和使用价格：数量指标 5 万元 / 亩，水田指标 5 万元 / 亩，粮食产能指标每亩每百公斤 1 万元	项目占用耕地，补充耕地申请的国家统筹指标、省级统筹指标、跨省和跨县（市、区）调剂指标	《国务院办公厅关于印发跨省域补充耕地国家统筹管理办法和城乡建设用地增减挂钩节余指标跨省域调剂管理办法的通知》（国办发〔2018〕16 号）、《浙江省国土资源厅 浙江省财政厅 浙江省物价局关于进一步做好补充耕地指标标准农田指标调剂和省统筹补充耕地的通知》（浙土资发〔2018〕20 号）	
8	补充标准农田指标调剂资金	自然资源部门	使用易地调剂标准农田指标单位	一等标准农田 7 万元 / 亩，二等标准农田 4 万元 / 亩	省内跨县（市、区）标准农田调剂指标	《浙江省国土资源厅 浙江省财政厅 浙江省物价局关于进一步做好补充耕地指标标准农田指标调剂和省统筹补充耕地的通知》（浙土资发〔2018〕20 号）	

续表 2–3

序号	收费项目	执收单位	收费对象	收费标准	收费范围	收费依据	备注
9	城镇土地使用税	税务部门	城镇土地使用单位	以实际占用的土地面积进行核算： 大城市：每平方米年税额分别为 5 元、10 元、15 元、20 元、25 元； 中等城市：每平方米年税额分别为 4 元、8 元、12 元、16 元、20 元； 小城市：每平方米年税额分别为 3 元、6 元、9 元、12 元、15 元； 县城、镇、工矿区：每平方米年税额分别为 2 元、4 元、6 元、8 元、10 元。 大、中、小城市的划分标准按《中华人民共和国城市规划法》相关规定执行	在城市、县城、建制镇、工矿区范围内使用土地	《中华人民共和国城镇土地使用税暂行条例》《财政部　国家税务总局关于贯彻落实国务院关于修改〈中华人民共和国城镇土地使用税暂行条例〉的决定的通知》（财税〔2007〕9 号）	
10	土地复垦费	自然资源部门	土地复垦义务人	综合考虑损毁前的土地类型、实际损毁面积、损毁程度、复垦标准、复垦用途和完成复垦任务所需的工程量等因素确定，最终以经自然资源部门审查通过的土地复垦方案确定，土地复垦义务人完成复垦任务后，返还相关费用	因生产、建设造成的损毁土地	《土地管理法》《土地复垦条例》《土地复垦条例实施办法》（国土资源部令第 56 号）、《浙江省土地复垦办法》（浙江省政府令第 33 号）、《浙江省人民政府办公厅关于印发造地改田资金筹集和使用管理办法的通知》（浙政办发〔2011〕87 号）等相关文件	

续表 2–3

序号	收费项目	执收单位	收费对象	收费标准	收费范围	收费依据	备注
11	外商投资企业场地使用费	财政部门或自然资源部门	中外合资企业、外资企业	商业、金融和旅游业用地为3~50元；文化娱乐、办公和住宅用地为2~40元；工业、仓储和交通用地为1~30元；教育、科研和卫生用地为0.5~14元；农村牧渔业用地则按其营业额的1%~3%收取	外商投资企业通过缴纳场地使用费方式取得国有土地使用权，应当按相关合同等约定缴纳场地使用费	《中华人民共和国中外合资经营企业法》《中华人民共和国外资企业法实施细则》《浙江省外商投资企业土地使用费征管暂行办法》［浙土（建）字〔1992〕4号］、《关于加强外商投资企业场地使用费征收管理的通知》（财工字〔1995〕53号）、《财政部关于外商投资企业场地使用费征收问题的意见》（财企〔2008〕166号）、《财政部　国土资源部商务部关于进一步明确外商投资企业场地使用费有关问题的通知》（财税〔2018〕16号）	
12	海域使用金	自然资源部门	用海单位	按照用海类型、海域等别、征收标准征收海域使用金，征收标准详见浙政发〔2009〕8号文件规定，或根据招标拍卖挂牌价执行；经营性临时用海的海域使用金依照同类型海域使用金年缴纳标准的25%收取	依法取得海域使用权的海域或经营性临时用海，具体减免范围见相关文件	《中华人民共和国海域使用管理法》《浙江省海域使用管理办法》（浙江省政府令第221号）、《财政部、国家海洋局关于加强海域使用金征收管理的通知》（财综〔2007〕10号）、《浙江省人民政府关于印发浙江省海域使用金征收管理办法的通知》（浙政发〔2009〕8号）	
13	无居民海岛使用金	自然资源部门	无居民海岛使用权人	1. 按照《浙江省无居民海岛使用金征收使用管理办法》（以下简称《办法》）标准支付； 2. 旅游、娱乐、工业等经营性用岛有两个及两个以上意向者的，一律实行招标、拍卖、挂牌方式出让； 3. 其他减免见《办法》	因经营、建设等活动依法取得本省辖内无居民海岛使用权	《中华人民共和国海岛保护法》《浙江省无居民海岛开发利用管理办法》《财政部　国家海洋局关于印发〈无居民海岛使用金征收使用管理办法〉的通知》（财综〔2010〕44号）、《浙江省无居民海岛使用金征收使用管理办法》	

续表 2–3

序号	收费项目	执收单位	收费对象	收费标准	收费范围	收费依据	备注
14	森林植被恢复费	自然资源部门或林业部门	用林单位	(一)郁闭度0.2以上的乔木林地(含采伐迹地、火烧迹地)、竹林地、苗圃地,每平方米15元;灌木林地、疏林地、未成林造林地,每平方米10元;宜林地,每平方米5元。(二)国家和省级公益林林地,按照第(一)款规定征收标准的2倍征收。(三)城市规划区内的林地,分别对应(一)、(二)款规定征收标准的2倍征收。(四)经营性建设项目占用征收林地,分别对应(一)、(二)款规定征收标准的2倍征收	凡勘查、开采矿藏和修建道路、水利、电力、通信等各项建设工程需要占用、征用或者临时占用林地的	《财政部、国家林业局关于印发〈森林植被恢复费征收使用管理暂行办法〉的通知》(财综〔2002〕73号)、《浙江省财政厅 浙江省林业厅转发财政部 国家林业局关于调整森林植被恢复费征收标准引导节约集约利用林地的通知》(浙财综〔2016〕16号)	
15	水土保持补偿费	水利部门	用地单位	一般性生产建设项目,按照征占用土地面积一次性计征,收费标准为每平方米1元(不足$1m^2$的按$1m^2$计),2015年10月1日起按80%收取	开办生产建设项目或者从事其他生产建设活动,损坏水土保持设施、地貌植被,不能恢复原有水土保持功能的单位和个人,应当缴纳水土保持补偿费。对水利水电工程建设项目,水库淹没区不在水土保持补偿费计征范围之内	《财政部 国家发展改革委 水利部 中国人民银行关于印发〈水土保持补偿费征收使用管理办法〉的通知》(财综〔2014〕8号)、《浙江省物价局 浙江省财政厅 浙江省水利厅关于水土保持补偿费收费标准的通知》(浙价费〔2014〕224号)、《浙江省人民政府办公厅关于深入推进收费清理改革的通知》(浙政办发〔2015〕107号)	
16	矿产资源有偿使用费用	自然资源部门或矿业权人	用地单位	详见文件规定	因工程占用、压覆矿产资源	《财政部 国土资源部关于印发〈矿业权出让收益征收管理暂行办法〉的通知》(财综〔2017〕35号)、《浙江省国土资源厅 浙江省财政厅关于发布浙江省矿业权出让收益市场基准价的通知》(浙土资规〔2018〕6号)、《浙江省自然资源厅关于进一步规范建设项目压覆矿产资源管理的通知》(浙自然资规〔2019〕9号)、《浙江省国土资源厅关于转发省人大法工委复函的通知》(浙土资厅函〔2017〕436号)	

续表 2–3

序号	收费项目	执收单位	收费对象	收费标准	收费范围	收费依据	备注
17	不动产登记费	自然资源部门	登记单位	住宅类不动产登记收费标准为每件80元，非住宅类不动产登记收费标准为每件550元；证书工本费10元/本，详见文件规定。杭州市不动产登记费由财政保障	办理不动产登记，具体减免政策参照文件执行	《浙江省物价局　浙江省财政厅转发国家发展改革委　财政部关于不动产登记收费标准等有关问题的通知》（浙价费〔2017〕16号）、《国家发展改革委　财政部关于不动产登记收费标准等有关问题的通知》（发改价格规〔2016〕2559号）、《财政部　国家发展改革委关于减免部分行政事业性收费有关政策的通知》（财税〔2019〕45号）、《杭州市财政局　杭州市物价局关于涉企公安交警证照费和不动产登记费零收费的通知》（杭财综〔2018〕30号）	
（三）	其他费用						
18	建设用地地质灾害危险性评估费	有资质的评估服务中介机构	委托单位	详见《地质灾害危险性评估及咨询评估预算标准》规定		中国地质灾害防治工程行业协会团体标准《地质灾害危险性评估及咨询评估预算标准（试行）》（T/CAGHP 031—2018）	
19	建设用地勘测定界费	有资质的土地勘测定界单位	委托单位	详见《测绘生产成本费用定额》规定		《财政部　国家测绘局关于印发〈测绘生产成本费用定额〉及有关细则的通知》（财建〔2009〕17号）	

第三节　可行性研究费

可行性研究费是指项目建设前期工作中，编制项目建议书（或预可行性研究报告）、可行性研究报告所需的费用。可行性研究费见表 2–4。

表 2–4　可行性研究费

费用项目	费用标准	参考依据	备注
建设项目前期工作咨询费	按建设项目估算投资中的工程费用分档计算		

按建设项目工程费用分档收费标准见表 2–5。

表 2–5　按建设项目工程费用分档收费标准　　单位:万元

工程费用	1 000 以下	1 000~3 000	3 000~10 000	10 000~50 000	50 000~100 000	100 000~500 000	500 000 以上
编制项目建议书	0.9~2.3	2.3~5.5	5.5~12.9	12.9~34.0	34.0~50.6	50.6~92.0	92.0~115.0
编制可行性研究报告	1.8~4.6	4.6~14.7	14.7~25.8	25.8~69.0	69.0~101.2	101.2~184.0	184.0~230.0

注:1. 工程费用是指项目投资估算中的建设工程费用。
2. 建设项目的具体收费标准,根据估算投资中的工程费用在相对应的区间内用插入法计算。
3. 根据行业特点和行业内部不同类别工程的复杂程度,计算咨询费用时可分别乘以行业调整系数和工程复杂程度调整系数(见表 2–6)。
4. 编制预可行性研究报告,参照编制项目建议书收费标准,可适当调整。
5. 可行性研究费计费基数原则上以工程费用为准,若编制单位实际发生土地费用测算行为,计费基数可计入土地费用。

按建设项目工程费用分档收费的调整系数见表 2–6。

表 2–6　按建设项目工程费用分档收费的调整系数

行业	调整系数(以表一所列收费标准为基数 1)
石化、化工、钢铁	1.3
石油、天然气、水利、水电、交通(水运)、化纤	1.2
有色、黄金、纺织、轻工、邮电、广播电视、医药、煤炭、火电(含核电)、机械(含船舶、航空、航天、兵器)	1.0
林业、商业、粮食、建筑	0.8
建材、交通(公路)、铁路、市政公用工程	0.7

工程咨询人员工日费用标准见表 2–7。

表 2–7　工程咨询人员工日费用标准　　单位:元

咨询人员职级	工日费用标准
高级专家	3 000~5 000
高级专业技术职称的咨询人员	1 200~2 500
中级专业技术职称的咨询人员	800~1 500

第四节　研究试验费

研究试验费是指为建设项目提供或验证设计数据、资料等进行必要的研究试验及按照设计规定在建设过程中必须进行试验、验证的费用。研究试验费见表 2–8。

表 2-8　研究试验费

费用项目	费用标准	参考依据	备注
研究试验费	按照研究试验内容进行编制,列入总概算	《城市基础设施工程投资估算指标》(〔88〕建标字第 182 号)	不包括: 1. 应有科技三项费用(即新产品试制费、中间试验费和重要科学研究补助费)开支的项目。 2. 应有建筑安装费用中列支的施工企业对建筑材料、构件和建筑物进行一般鉴定、检查所发生的费用及技术革新的研究试验费。 3. 应有勘察设计费或工程费用中开支的项目

注:按研究试验的内容和要求,由建设单位与科研单位在合同中约定。

第五节　勘察设计费

勘察设计费是指勘察设计单位进行工程水文地质勘察、工程设计所发生的费用,包括工程勘察费和设计费,其中设计费包括初步设计费(基础设计费)、施工图设计费(详细设计费)。勘察设计费见表 2-9。

表 2-9　勘察设计费

序号	费用项目	费用标准	参考依据	备注
1	工程勘察费			1. 设计费 = 工程设计收费基价 × 专业调整系数 × 工程复杂程度调整系数 × 附加调整系数。 2. 专业调整系数和工程复杂程度调整系数、附加调整系数详见表 2-12~表 2-15。 3. 改扩建和技术改造项目附加调整系数为 1.1~1.4。 4. 具体收费标准可根据工程费用在相对应的区间内用插入法计算
2	工程设计费	按概算投资额(工程费用为基数)划分。参考标准:①200 万 ~3 000 万元按 3.0%~3.8% 计;②3 000 万 ~1 亿元按 2.59%~3.0% 计;③1 亿 ~6 亿元按 2.15%~ 2.59% 计		

工程设计收费基价见表 2-10。

表 2-10　工程设计收费基价表　　单位:万元

序号	工程费用	收费基价
1	200	7.7
2	500	17.8
3	1 000	33.0

续表 2–10

序号	工程费用	收费基价
4	3 000	88.2
5	5 000	139.3
6	8 000	212.2
7	10 000	259.1
8	20 000	481.8
9	40 000	896.6
10	60 000	1 287.9
11	80 000	1 666.1
12	100 000	2 034.4
13	200 000	3 783.2
14	400 000	7 035.2
15	600 000	10 112.9
16	800 000	13 082.7
17	1 000 000	15 974.7
18	2 000 000	29 706.6

注:1. 计费额 >2 000 000 万元的,以计费额乘以 1.36% 的收费率计算收费基价。

2. 大型建筑工程指 20 001m^2 及以上的建筑,中型指 5 001~20 000m^2 的建筑,小型指 5 000m^2 及以下的建筑。

工程设计收费专业调整系数见表 2–11。

表 2–11　工程设计收费专业调整系数表

序号	工程类型	专业调整系数
1	矿山采选工程: 黑色、黄金、化学、非金属及其他矿采选工程 采煤工程,有色、铀矿采选工程 选煤及其他煤炭工程	 1.1 1.2 1.3
2	加工冶炼工程: 各类冷加工工程 船舶水工工程	 1.0 1.1
3	各类冶炼、热加工、压力加工工程 核加工工程	1.2 1.3
4	石油化工工程: 石油、化工、石化、化纤、医药工程 核化工工程	 1.2 1.6

续表 2–11

序号	工程类型	专业调整系数
5	水利电力工程： 风力发电、其他水利工程 火电工程 核电常规岛、水电、水库、送变电工程 核能工程	 0.8 1.0 1.2 1.6
6	交通运输工程： 机场场道工程 公路、城市道路工程 机场空管和助航灯光、轻轨工程 水运、地铁、桥梁、隧道工程 索道工程	 0.8 0.9 1.0 1.1 1.3
7	建筑市政工程： 邮政工艺工程 建筑、市政、电信工程 人防、园林绿化、广电工艺工程	 0.8 1.0 1.1
8	农业林业工程： 农业工程 林业工程	 0.9 0.8

表 2–12　建筑、人防工程复杂系数调整表

等级	工程设计条件	复杂系数
Ⅰ	1. 功能单一、技术要求简单的小型公共建筑工程； 2. 高度 <24m 的一般公共建筑工程； 3. 小型仓储建筑工程； 4. 简单的设备用房及其配套用房工程； 5. 简单的建筑环境设计及室外工程； 6. 相当于一星级饭店及以下标准的室内装修工程； 7. 人防疏散干道、支干道及人防连接通道等人防配套工程	0.85
Ⅱ	1. 大中型公共建筑工程； 2. 技术要求较复杂或有地区性意义的小型公共建筑工程； 3. 高度 24~50m 的一般公共建筑工程； 4. 20 层及以下一般标准的居住建筑工程； 5. 仿古建筑、一般标准的古建筑、保护性建筑以及地下建筑工程； 6. 大中型仓储建筑工程； 7. 一般标准的建筑环境设计和室外工程； 8. 相当于二、三星级饭店标准的室内装修工程； 9. 防护级别为四级及以下同时建筑面积 <10 000m^2 的人防工程	1.0

续表 2-12

等级	工程设计条件	复杂系数
Ⅲ	1. 高级大型公共建筑工程; 2. 技术要求复杂或具有经济、文化、历史等意义的省(市)级中小型公共建筑工程; 3. 高度 >50m 的公共建筑工程; 4. 20 层以上居住建筑和 20 层及以下高标准的居住建筑工程; 5. 高标准的古建筑、保护性建筑和地下建筑工程; 6. 高标准的建筑环境设计和室外工程; 7. 相当于四、五星级饭店标准的室内装修,特殊声学装修工程; 8. 防护级别为三级以上或者建筑面积≥ 10 000m^2 的人防工程	1.15

表 2-13　园林、绿化工程复杂系数调整表

等级	工程设计条件	复杂系数
Ⅰ	1. 一般标准的道路绿化工程; 2. 片林、风景林等工程	0.85
Ⅱ	1. 标准较高的道路绿化工程; 2. 一般标准的风景区、公共建筑环境、企事业单位与居住区的绿化工程	1.0
Ⅲ	1. 高标准的城市重点道路绿化工程; 2. 高标准的风景区、公共建筑环境、企事业单位与居住区的绿化工程; 3. 公园、度假村、高尔夫球场、广场、街心花园、园林小品、屋顶花园、室内花园等绿化工程	1.15

表 2-14　市政公用工程复杂系数调整表

等级	工程设计条件	复杂系数
Ⅰ	1. 庭院内燃气管道工程; 2. 一般给排水地下管线(DN<1.0m,无管线交叉)工程; 3. 小型垃圾中转站,简易堆肥工程; 4. 供热小区管网(二级网)工程	0.85
Ⅱ	1. 城市调压站,瓶组站,<5 000 户的气化站、混气站,<500m^3 的储配站工程; 2. 城区给排水管线,一般地下管线(DN<1.0m,有管线交叉),<1m^3/s 的加压泵站,简单构筑物工程; 3. >100t/ 天的大型垃圾中转站,垃圾填埋场、机械化快速堆肥工程; 4. ≤ 2MW 的小型换热站工程	1.0
Ⅲ	1. 城市超高压调压站,室内管线及加压站,穿、跨越管网,≥ 5 000 户气化站、混气站,≥ 500m^3 的储配站、门站、气源厂、加气站工程; 2. 大型复杂给排水管线,市政官网,大型泵站、水闸等构筑物,净水厂,污水处理厂工程; 3. 垃圾系统工程及综合处理与利用、焚烧工程; 4. 锅炉房,穿越供热管网,>2MW 的换热站工程; 5. 海底排污管线,海水取排水、淡化及水处理工程	1.15

表 2-15　设计附加系数调整表

序号	附加系数调整条件	附加系数
1	古建筑、仿古建筑、保护性建筑等	1.3~1.6
2	智能建筑弱电系统设计，以弱电系统的设计概算为计费额	1.3
3	室内装修设计，以室内装修设计的设计概算为计费额	1.5
4	特殊声学装修设计，以声学的设计概算为计费额	2.0

第六节　环境影响评价费

环境影响评价费是指按照《中华人民共和国环境保护法》等规定，为全面、详细评价建设项目对环境可能产生的污染或造成的重大影响所需的费用，包括编制环境影响报告书（含大纲）、环境影响报告表所需费用。环境影响评价费见表 2-16。

表 2-16　环境影响评价费

费用项目	费用标准	参考依据	备注
建设项目环境影响评价费	按建设项目估算投资中的工程费用分档计算（行业调整系数见表 2-18、表 2-19）		

建设项目环境影响评价收费标准见表 2-17。

表 2-17　建设项目环境影响评价收费标准　　单位：万元

工程费用	3 000 以下	3 000~20 000	20 000~100 000	100 000~500 000	500 000~1 000 000	1 000 000 以上
编制环境影响报告书（含大纲）	3.7~4.5	4.5~11.2	11.2~26.1	26.1~56.0	56.0~82.2	82.2 以上
编制环境影响报告表	0.7~1.5	1.5~3.0	3.0~5.2	5.2 以上		

注：1. 表中数字下限为不含，上限为包含。
2. 工程费用为项目建议书或可行性研究报告中估算投资中的建设工程费用。
3. 咨询服务收费标准根据投资估算额在对应区间内用插入法计算。
4. 以本表收费标准为基础，按建设项目行业特点和所在区域的环境敏感程度，乘以调整系数（调整系数见表 2-18 和表 2-19），确定咨询服务收费基准价。
5. 本表所列编制环境影响报告表收费标准为不设评价专题基准价，每增加一个专题加收 50%。
6. 本表中费用不包括遥感，遥测，风洞测试，污染气象观测，示踪试验，地探，物探，卫星图片解读，需要动用船、飞机等的特殊监测等费用。

建设项目环境影响咨询收费调整系数，见表 2-18 和表 2-19。

表 2-18　环境影响评价大纲、报告书编制收费行业调整系数

行　业	调整系数
化工、冶金、有色、黄金、煤炭、矿业、纺织、化纤、轻工、医药、区域	1.2
石化、石油天然气、水利、水电、旅游	1.1
林业、畜牧、渔业、农业、交通、铁道、民航、管线运输、建材、市政、烟草、兵器	1.0
邮电、广播电视、航空、机械、船舶、航天、电子、勘探、社会服务、火电	0.8
粮食、建筑、信息产业、仓储	0.6

表 2-19　环境影响评价大纲、报告书编制收费敏感程度调整系数

环境敏感度	调整系数
敏感	1.2
一般	1.0

按咨询服务人员工日计算建设项目环境影响咨询收费标准,见表 2-20。

表 2-20　按咨询服务人员工日计算建设项目环境影响咨询收费标准　单位:元

咨询人员职级	工日费用标准
高级专家	3 000~5 000
高级专业技术职称的咨询人员	1 200~2 500
中级专业技术职称的咨询人员	800~1 500

第七节　节能评估费

节能评估费是指按照国家发改委 2010 年第 6 号令《固定资产投资项目节能评估和审查暂行办法》的规定,对固定资产投资项目的能源利用是否科学合理进行分析评估,并编制节能评估报告书、节能评估表所需的费用。节能评估费见表 2-21。

表 2-21　节能评估费

费用项目	项目类型	费用依据	备注
节能评估费	民用类项目		
	工业类项目		

居住建筑节能评估收费表见表 2-22。

表 2-22　居住建筑节能评估收费表

总建筑面积(万 m^2)	分档累进计费基准标准(元 /m^2)
5(不含)以下	2.00
5(含)~10(不含)	1.75

续表 2–22

总建筑面积(万 m^2)	分档累进计费基准标准(元 /m^2)
10(含)~15(不含)	1.55
15(含)~25(不含)	1.30
25(含)~50(不含)	1.05
50(含)以上	0.85

公共建筑节能评估收费表见表 2–23。

表 2–23 公共建筑节能评估收费表

总建筑面积(万 m^2)	分档累进计费基准标准(元 /m^2)
3(不含)以下	3.00
3(含)~5(不含)	2.30
5(含)~10(不含)	1.85
10(含)~15(不含)	1.65
15(含)~25(不含)	1.40
25(含)~50(不含)	1.20
50(含)以上	0.95

注:1. 上下浮动幅度为 20%。
2. 城镇保障性住房(含廉租房、公共租赁房、经济适用房、危旧房改造等)按规定收费标准减半收取。

工业固定资产投资项目评估收费表,见表 2–24。

表 2–24 工业固定资产投资项目评估收费表

项目年综合能耗(t 标煤)	基准收费标准(元 /t 标煤)
1 000(含)~3 000(不含)	12
3 000(含)~5 000(不含)	10
5 000(含)~20 000(不含)	9
20 000(含)~35 000(不含)	8
35 000(含)~50 000(不含)	7
50 000(含)~100 000(不含)	6
100 000(含)以上	5

注:1. 采用分档累进收费。
2. 年用能总量在 1 000t 煤以下的项目,单个项目在 0.5 万 ~1.2 万元区间收费。

工业固定资产投资项目节能评估计费调整系数,见表 2–25。

表 2–25　工业固定资产投资项目节能评估计费调整系数

行业	调整系数
八大高耗能行业（石油化工、化学原料、化学纤维、印染、造纸、非金属矿物制品、金属冶炼与压延、电力）	1.15~1.30

第八节　场地准备及临时设施费

场地准备及临时设施费是指建设场地准备费和建设单位临时设施费。

场地准备及临时设施尽量与永久性工程统一考虑，建设场地的大型土石方工程应计入工程费用中的总图费用中。

场地准备费是指建设项目为达到工程开工条件所发生的场地平整和对建设场地余留的有碍于施工建设的设施进行拆除清理的费用。

临时设施费是指为满足施工建设需要而供到场地界区的、未列入工程费用的临时水、电、路、气及通信等其他工程费用和建设单位的现场临时建（构）筑物的搭设、维修、拆除、摊销或建设期间租赁费用，以及施工期间专用公路养护费、维修费。

改建、扩建项目一般只计拆除清理费。

此项费用不包括已列入建筑安装工程费用中的施工单位临时设施费用。场地准备及临时设施费见表 2–26。

表 2–26　场地准备及临时设施费

<table>
<tr><th>费用项目</th><th colspan="2">费用标准</th><th>依据</th><th>备注</th></tr>
<tr><td rowspan="4">场地准备及临时设施费</td><td colspan="2">按工程费用和项目所在地区费率计取</td><td rowspan="4">根据近年来工程项目实际投入情况测算</td><td rowspan="4">1. 建设项目属新征集体土地的，乘以系数 1.2。
2. 房屋建筑工程，建筑安装投资（含设备）单方造价大于 5 000 元 /m^2 的项目其费用需乘以系数 0.8~0.9</td></tr>
<tr><td>市区</td><td>0.7%~0.8%</td></tr>
<tr><td>县城镇</td><td>0.8%~0.9%</td></tr>
<tr><td>非市区、县城镇</td><td>0.9%~1.1%</td></tr>
</table>

注：如果实际发生的临时设施费远超上述标准，提供相应的施工方案方可计入。

计算方法：

场地准备及临时设施费 =（建筑工程费 + 安装工程费）× 所在地区费率 × 项目性质系数

第九节　引进技术和引进设备其他费

引进技术和引进设备其他费是指引进技术和设备发生的未计入设备的费用，内容包括：

引进项目图纸资料翻译复制费：根据引进项目的具体情况计列或估列。

出国人员费用：依据合同或协议规定的出国人次、期限以及相应的费用标准计算。生活费按照财政部、外交部规定的现行标准计算，旅费按中国民航公布的票价计算。

来华人员费用：依据引进合同或协议有关条款及来华技术人员派遣计划进行计算。来华人员接待费用可按每人次费用指标计算。引进合同价款中已包括的费用内容不得重复计算。

银行担保及承诺费：应按担保或承诺协议计取。投资估算和概算编制时可以担保金额或承诺金额为基数乘以费率计算。

引进设备材料的国外运输费、国外运输担保费、关税、增值税、外贸手续费、银行财务费、国内运杂费、引进设备材料国内检验费等按引进货价(F.O.B 或 C.I.F)计算后计入相应的设备材料费中。

单独引进软件不计关税只计增值税。

计算方法:

按照合同或协议及国家有关规定计算。

第十节 工程保险费

工程保险费是指建设项目在建设期间根据需要对建筑工程、安装工程、机器设备和人身安全进行投保而发生的保险费用,包括建筑安装工程一切险、引进设备财产保险和人身意外伤害险等。

不投保的工程不计取此项费用。

不同的建设项目可根据工程特点选择投保险种,根据投保合同计列保险费用。编制投资估算和概算时可按工程费用的比例计算。

不包括已列入施工企业管理费中的施工管理用财产、车辆保险费。工程保险费见表 2-27。

表 2-27 工程保险费

费用项目	费用标准	依据	备注
建筑施工人员人身意外伤害保险或安全生产责任险	按工程造价或工程面积(仅对房屋建筑工程)计算	涉及费用详见经银保监会备案相关保险条款	工程保险费用的计入需经概算审批部门批准
工程财产损失和第三者责任险	1. 建筑工程一切险: ①物质损失部分(见表 2-28); ②第三者责任险:赔偿限额 × 费率(费率可同物质损失部分)。 2. 安装工程一切险: ①物质损失部分(见表 2-29); ②第三者责任险:赔偿限额 × 费率(费率可同物质损失部分)	涉及费用详见经银保监会备案相关保险条款	—

注:表 2-28 和表 2-29 中的费率幅度参考市场实际情况较多,如与银保监会要求相悖,具体以银保监会相关要求为准。

建筑工程保险中物质损失部分见表 2-28。

表 2-28 建筑工程保险中物质损失部分

保险	项目	费率幅度	备注
建筑工程一切险	住宅大楼、综合性大楼、办公大楼、学校大楼、医院、饭店、商店、仓库及普通工厂厂房	0.06%~0.15%	1. 台风、洪水易发区域费率高于其他区域。 2. 地下施工按照深度增加费率。 3. 周围其他建筑及财产密集区域费率增加
	道路	0.2%~0.5%(普通) 0.3%~0.5%(高速、高等级)	1. 按照地形费率由低到高:城市、平地、丘陵、山区。 2. 桥梁、隧道、挡土墙、高架等工程价值累计金额占比,以 20% 以内为基数,大于 80% 为基数的 2 倍,20%~80% 区间内按线性插值法取值

续表 2-28

<table>
<tr><th>保险</th><th>项目</th><th>费率幅度</th><th>备注</th></tr>
<tr><td rowspan="4">建筑工程一切险</td><td>码头、水坝</td><td>0.4%~0.6%</td><td>1. 沿海项目高于内河项目。
2. 山区项目高于平原项目。
3. 地形、地质复杂的项目高于地形、地质简单的项目。
4. 围垦项目建议 0.8% 以上。
5. 水坝项目建议 0.4% 以上</td></tr>
<tr><td>隧道、桥梁、管道</td><td>0.35%~0.6%</td><td>1. 台风、洪水易发区域费率高于其他区域。
2. 地下水丰富区域费率较高。
3. 涉水作业比例高的费率较高。
4. 施工方法、施工技术难度大的费率较高。
5. 地形、地质复杂的项目高于地形、地质简单的项目。
6. 一般隧道项目建议费率 0.35% 以上。
7. 航道上桥梁建议费率 0.4% 以上</td></tr>
<tr><td>机场（综合项目）</td><td>0.3%~0.55%</td><td>1. 台风、洪水易发区域费率高于其他区域。
2. 开挖量大的工程费率高。
3. 地质不均匀的费率高</td></tr>
<tr><td>地铁、铁路</td><td>0.4%~0.6%</td><td>1. 台风、洪水易发区域费率高于其他区域。
2. 地下水丰富区域费率较高。
3. 涉水作业比例高的费率较高。
4. 地下施工占比大的费率高。
5. 地形、地质复杂的项目高于地形、地质简单的项目</td></tr>
</table>

安装工程保险中物质损失部分见表 2-29。

表 2-29　安装工程保险中物质损失部分

<table>
<tr><th>保险</th><th>项目</th><th>费率幅度</th><th>备注</th></tr>
<tr><td rowspan="9">安装工程一切险</td><td>食品（饮料）加工行业</td><td>0.1%~0.15%</td><td rowspan="7">1. 新技术、新工艺费率高于成熟技术和工艺。
2. 二手设备费率高于新设备。
3. 设备及技术国产化率高的项目费率较低。
4. 台风、暴雨易发地区费率较高</td></tr>
<tr><td>机械工业、纺织工业</td><td>0.15%~0.2%</td></tr>
<tr><td>电子电器工业</td><td>0.15%~0.3%</td></tr>
<tr><td>矿山</td><td>0.3%~0.5%</td></tr>
<tr><td>化学、化工工业（石化、乙烯、纸业、生化）</td><td>0.15%~0.4%</td></tr>
<tr><td>钢铁</td><td>0.2%~0.3%</td></tr>
<tr><td>有色金属（含电解法）</td><td>0.25%~0.4%</td></tr>
<tr><td>水电站</td><td>0.4%~0.7%</td><td>1. 山区项目高于平原项目。
2. 地形、地质复杂的项目高于地形、地质简单的项目</td></tr>
<tr><td>热电厂</td><td>0.15%~0.3%</td><td>1. 含码头工程的费率高。
2. 单机功率大的费率高</td></tr>
</table>

续表 2–29

保险	项目	费率幅度	备注
安装工程一切险	联合循环电厂	0.3%~0.6%	1. 单机功率大的费率高。 2. 主要设备分散供应的费率高于成套供应的。 3. 单机输出功率大于 150MW 的，建议 0.5% 以上
	钢结构桥梁	0.35%~0.45%	1. 涉水作业比例高的费率高。 2. 桥梁跨度大的费率高

注：工期超过 36 个月的项目，可在 10%~20% 比例内适当上浮；工期超过 60 个月的，可在 20%~30% 比例内适当上浮。

第十一节　联合试运转费

联合试运转费是指新建项目或新增加生产能力的工程，在交付生产前按照批准的设计文件所规定的工程质量标准和技术要求，进行整个生产线或装置的负荷联合试运转或局部联动试车所发生的费用净支出（试运转支出大于收入的差额部分费用）。试运转支出包括试运转所需原材料、燃料及动力消耗、低值易耗品、其他物料消耗、工具用具使用费、机械使用费、保险金、施工单位参加试运转人员工资以及专家指导费等。试运转收入包括试运转期间的产品销售收入和其他收入。

联合试运转费不包括应由设备安装工程费用支出的调试及试车费用，以及在试运转中暴露出来的因施工原因或设备缺陷等发生的处理费用。

联合试运转费 = 联合试运转费用支出 – 联合试运转收入

计算方法：

一般建设项目可（暂）按工程费用的 0.3%~1% 计列。

第十二节　市政公用设施费

市政公用设施费是指使用市政公用设施的建设项目，按照浙江省人民政府有关规定建设或缴纳市政公用设施建设配套费用，以及绿化工程补偿费用。市政公用设施费见表 2–30。

表 2–30　市政公用设施费

序号	费用项目	费用标准	依据	备注
1	市政基础设施配套费	住宅：150 元 / 平方米（2014 年 3 月前出让的，90 元 / 平方米）； 非住宅：220 元 / 平方米（2014 年 3 月前出让的，140 元 / 平方米）； 2017 年 7 月 1 日至 2019 年 12 月 31 日出让、划拨土地使用权的项目，或取得规划许可证的改建、扩建项目新增面积部分分别按照住宅 150 元 / 平方米、非住宅 220 元 / 平方米的 70% 执收。 杭州市城市规划（不含余杭、萧山）的建设项目，按住宅 150 元 / 平方米、非住宅 220 元 / 平方米的标准收取城市市政基础设施配套费	浙财综〔2012〕4 号、浙价费〔2014〕22 号	杭州住宅 150 元 / 平方米，非住宅 220 元 / 平方米

续表 2-30

序号	费用项目	费用标准	依据	备注
2	供(配)电工程高可靠性供电费	见表 2-26	浙价资〔2017〕46号	—
3	人防工程易地建设费	—	浙价费〔2016〕211号	—
4	城市易地绿化补偿费	—	浙价房〔2000〕142号	该文件已作废,但杭州市若发生绿化易地建设,仍按此文件收费

注:不发生或按规定减免项目按实计取。

供(配)电工程高可靠性供电费收取标准,见表 2-31。

表 2-31 供(配)电工程高可靠性供电费收取标准

用户受电电压等级(kV)	用户应缴纳高可靠性供电费用[元/(kV·A)]	两种情况		自建本级电压外部供电工程应缴纳高可靠性供电费用[元/(kV·A)]
		供电高可靠性供电费用[元/(kV·A)]	配电高可靠性供电费用[元/(kV·A)]	
0.38/0.22	250	90	160	200
10	200	110	90	150
20	180	100	80	110
35	150	150	—	70
110	70	70	—	—

第十三节 专利及专有技术使用费

一、按专利使用许可协议和专有技术使用合同的规定计列。

二、专有技术的界定应以省、部级鉴定批准为依据。

三、项目投资中只计需在建设期支付的专利及专有技术使用费。协议或合同规定在生产期支付的使用费应在生产成本中核算。

四、一次性支付的商标权、商誉及特许经营权按协议或合同规定计取。协议或合同规定在生产期支付的商标权或特许经营权在生产成本中核算。

五、为项目配套和专用设施投资,包括专用铁路线、专用公路、专用通信设施、变送电站、地下管道、专用码头等,如由项目建设单位负责投资但产权不归属本单位的,应作无形资产处理。

计算方法:

按单位产品价格 × 年设计产量 ×(3%~5%)参考计列。

第十四节 生产准备及开办费

生产准备及开办费是指建设项目为保证正常生产(或营业、使用)而发生的人员培训费、提前进厂费以及投资使用必备的生产办公、生活家具及工器具等购置费用。

一、人员培训费及提前进厂费：自行组织培训或委托其他单位培训的人员工资、工资性补贴、职工福利费、差旅交通费、劳动保护费、学习资料费等。

二、为保证初期正常生产（或营业、使用）所必需的生产办公、生活家具用具购置费。

三、为保证初期正常生产（或营业、使用）所必需的第一套不够固定总产标准的生产工具、器具、用具购置费（不包括备品、备件费）。

计算方法：

一般建设项目可暂按工程费用的 1%~1.2% 计列。

第三章　工程预备费

第一节　基本预备费

基本预备费是指在初步设计及概算内不可预见的工程费用，包括实行按施工图预算加系数包干的预算包干费用，其用途如下：

在进行技术设计、施工图设计和施工过程中，在批准的初步设计和概、预算范围内所增加的工程费用。

由于一般自然灾害所造成的损失和预防自然灾害所采取的措施费用。

（上级主管部门组织）竣工验收时，验收委员会（验收小组）为鉴定工程质量，必须开挖和修复隐蔽工程的费用。

计算方法：

以“单项工程费用”（即总概算第一部分费用总值）和“工程建设其他费用”（即总概算第二部分费用总值）之和乘以预备费费率进行计算。计算标准为初步设计概算阶段按 3%~5% 计算。

注：预备费费率按工程繁简程度及遇特殊情况下计取。

第二节　涨价预备费

涨价（价差）预备费是建设期由于人工、设备、材料、施工机械的价格及费率、利率、汇率等浮动因素引起工程造价变化的预测预备费用。此费用属于工程造价的动态因素，应在总预备费中单独列出。涨价预备费的计算见公式（3–1）。

$$Y=\sum_{n=1}^{N} F_n\times[(1+P)^{n-1}-1] \tag{3–1}$$

式中：Y——造价上涨预备费（元）；

N——项目自概算编制期至竣工的合理计划工期（年）；

n——自概算编制期开始至施工中的第 n 年（取 1，2，3，…）；

F_n——第 n 年的年度计划投资额（元），按项目的建筑安装工程、设备、工器具投资额之和（含差价独立费）及分年度投资计划计算；

P——年物价增长指数（%），可取概算编制期的前三年建设工程造价增长的平均指数。

注：根据国家计委发布的计投资〔1999〕1340 号文规定，目前投资价格指数按零计算。

第四章　建设期贷款利息及固定资产投资方向调节税（暂停征收）

第一节　建设期贷款利息

建设期贷款利息是指建设项目通过银行或其他金融投资机构偿贷筹措资金，且在建设期内需要支付的贷款利息。

建设期贷款利息的依据是全国银行间同业拆借中心和人民银行公布的贷款市场报价利率（LPR）（根据中国人民银行公告〔2019〕第15号，自2019年8月16日起，各银行应在新发放的贷款中主要参考贷款市场报价利率（LPR）定价，并在浮动利率贷款合同中采用贷款市场报价利率（LPR）作为定价基准）。

开发银行和各商业银行贷款利率可以执行浮动利率，也可以执行固定利率，由各评审局、分行按商业原则与客户协商确定。

一、浮动利率

浮动利率是指开发银行和其他商业银行根据贷款市场报价利率（LPR）为基准利率、利率浮动区间和重新定价周期，确定自己的贷款利率。

（一）基准利率：即贷款市场报价利率（LPR），该利率每月20日在全国银行间同业拆借中心和中国人民银行网站（网址：www.pbc.gov.cn）更新。目前最新一期贷款市场报价利率见表4–1。

表4–1　贷款市场报价利率（LPR）　　单位：%

分类	现行年利率（2019年12月）
1年期	4.15
5年期以上	4.8

（二）贷款利率的浮动区间：按商业原则与客户协商确定，在LPR基础上进行加减点。5年（含）期以内贷款参照1年期LPR进行定价，5年期以上贷款参照5年期以上LPR进行定价。

（三）重新定价周期：即合同内贷款利率调整的周期。贷款利率调整日期按照合同约定的重新定价周期（可按月、季或年）确定，以贷款发放一个周期后当天LPR为基准进行调整。

二、固定利率

根据中国人民银行规定，自2004年1月1日起，人民币中长期贷款利率可采用固定利率方式。所谓固定利率，是指从合同签订之日（或第一笔款发放日）起至最后一笔贷款还清之日止的整个贷款期间都采用一个双方约定的利率。

第二节　固定资产投资方向调节税（暂停征收）

固定资产投资方向调节税是指国家为贯彻产业政策、控制投资规模、引导投资方向、调整投资结构、加强重点建设，对中国境内进行固定资产投资的单位和个人，按其投资额征收的一种税。

固定资产投资方向调节税的依据是《中华人民共和国固定资产投资方向调节税暂行条例》（1991

年 4 月 16 日中华人民共和国国务院令第 82 号）、《中华人民共和国固定资产投资方向调节税暂行条例实施细则》（1991 年 6 月 18 日，国税发〔1991〕113 号）等。

固定资产投资方向调节税的范围是使用各种资金进行固定资产投资的各级政府、机关团体、部队、国有和集体企事业单位、外贸、私营个体企业及其他单位和个人。详见条例及细则。

固定资产投资方向调节税的标准是按项目内各单位工程的产业属性分列税率。根据年度计划投资额分年缴纳，项目竣工后按财务决算调整，详见其条例及细则。

计算方法：

$$投资方向调节税 = \sum[项目内各单位工程投资额 \times 适用税率(\%)]$$

投资额包括建筑安装工程和设备造价（含差价独立费）及建设其他费用，但不包括借款利息和铺底流动资金。

建设其他费用应计缴的调节税按项目主体工程产业属性套用税率。

第五章　有关专业工程建设其他费用

第一节　水 运 工 程

一、一般规定

工程建设其他费用是指工程建设项目总概算费用中，自项目筹备开始至项目竣工验收交付使用的整个建设期间，构成建设投资，除工程费用以外，为保证工程建设顺利完成和交付使用后能够正常发挥效用所需的费用。

工程建设其他费用项目应根据本节规定和项目建设实际需要，严格按照国家及行业主管部门、省级人民政府发布的法律法规、政策规定和技术标准计列。

工程建设其他费用应包括建设用地用海费、建设管理费、前期工作费、勘察设计费、监理费、研究试验费、招标费、引进技术和进口设备材料其他费、生产准备费、竣工验收前相关费及其他相关费用。

水运工程建设项目中外部配套项目，以及航运枢纽建设项目中的“水库移民征地拆迁补偿”等项目的工程建设其他费用，应在相应专项概算中计列。

水运支持系统工程和水运其他工程项目，应根据项目实际需要确定工程建设其他费用项目，参考相应项目计算办法调整并计算费用。

二、工程建设其他费用

（一）建设用地用海费

建设用地用海费主要包括根据国家相关法律法规，为进行水运建设工程所需的建设用地征用费或建设用地、用海使用费及其他。对于航运枢纽建设项目，库区土地征用及移民安置补偿费，应根据相关行业标准及规定在相应专项概算中计列。各项费用应符合下列规定：

1. 建设用地征用费是指根据国家相关法律规定，征用工程建设用地和施工用地所需的费用，主要包括土地补偿费、地上附着物及青苗补偿费、安置补助费等，费用应根据有关部门批准的工程建设用地和施工用地范围以及实际发生的费用项目，依据有关法律法规及建设项目所在地省级人民政府颁布的费用项目标准，以及相关行业颁布的专业标准计算。各项费用应按下列规定执行：

（1）土地补偿费是指征用和占用土地（分耕地和其他土地）、鱼塘、水生物养殖场等所需的补偿费用；

（2）地上附着物及青苗补偿费是指补偿附着于被征用土地之上的青苗、农作物、树木、水生物以及房屋、水井等所需的费用；

（3）安置补助费是指因土地、渔场等被征用后，用于需安置的农民、居民等的补助费用；

（4）建筑物迁建费是指被征用或占用土地上的房屋、建（构）筑物等的迁建补偿费用；

（5）耕地开垦费是指建设项目占用耕地，由建设项目法人负责开垦与所占用耕地的数量和质量相当的耕地所需的费用，或因没有条件开垦及开垦的耕地不符合要求，按相关规定缴纳的耕地开垦费用；

（6）复垦费是指建设项目临时占用耕地、鱼塘等，在工程完工后将其复还所需的费用；

（7）其他是指建设用地征用所需的其他费用，如耕地占用税、新菜地开发建设基金、用地地图编制费、勘界费等。

2. 建设用地、用海使用费是指根据国家相关法律法规，经有关部门批准获得土地、海域（或水域）

使用权所需的建设用地、用海(或水域)使用费及相关费用等。费用应根据国家、省级人民政府有关规定按相应标准计算。

3. 其他是指依据国家、省级人民政府相关规定需要计列的建设用地所需的其他有关费用,如环境补偿费、森林植被恢复费等。费用根据国家、省级人民政府有关规定按相应标准计算。

(二)建设管理费

建设管理费是指项目单位为组织完成项目工程建设,自工程可行性研究报告审批、核准或备案之日起至项目竣工验收之日止的建设期内所需的项目建设管理性质费用,主要应包括项目单位开办费和项目单位经费,以及代建管理费等。各项费用应符合下列规定:

1. 项目单位开办费是指新组建的项目单位为保证正常开展管理工作所需的初始费用。费用内容主要包括办公和生活临时用房、车船和办公生活设备、其他用具用品购置或租赁所需的费用,以及用于开办工作所需的其他费用。费用应根据项目建设管理需要按下列方法计列:

(1)办公和生活临时用房费用按房屋建筑面积乘以工程所在地临时用房造价或房屋租价指标计列,所需房屋建筑面积根据实际需要考虑;条件不具备的,可按表 5-1 的指标估列。

表 5-1　办公和生活临时用房面积指标　　单位:m^2

序号	建设项目类别	计算办法及指标
1	航运枢纽、综合性港口	S=2 000+ 项目单位定员 ×(25 ~ 30)
2	通航建筑物、航道整治、一般港口、单一疏浚及吹填造陆等	S=1 000+ 项目单位定员 ×(25 ~ 30)

注:S 为临时用房建筑面积。

(2)车船购置费根据相关规定或标准,以及工程建设管理实际需要确定相应类型、规格及数量,按市场价格编制分项概算。

(3)办公设备及设施、其他用具用品购置以及用于开办工作的其他费用,根据工程建设管理实际需求确定的品种、规格、数量,按市场价格编制分项概算;条件不具备的,可按项目单位定员人数乘以 10 000 元 / 人指标估列。

2. 项目单位经费是指项目单位对工程建设实施日常管理所需的经常性费用。费用内容主要包括不在原单位发工资的工作人员工资及相关费用(工资、工资性补贴、施工现场津贴、职工福利费、社会保险费和住房公积金等),办公和差旅交通费、劳动保护费、工具用具使用费、固定资产使用费、办公和生活用品购置费、零星固定资产购置费,招募生产工人费,技术图书资料费(含软件),业务招待费,合同契约公证费、法律顾问费,咨询费,竣工验收费,土地使用税、房产税、车船税、印花税,水电费、信息通信费、采暖费等,以及其他管理性质支出所需的费用。费用应根据建设管理需要,以工程费用为基数乘以表 5-2 的费率计算。

表 5-2　项目单位经费费率　　单位:%

序号	工程费用合计 M(万元)	建设项目类型			
		航运枢纽	通航建筑物	港口	航道整治
1	M<5 000	4.92	4.81	4.81	4.16
2	5 000≤M<10 000	2.78	2.36	2.31	1.81
3	10 000≤M<30 000	2.10	1.79	1.74	1.37
4	30 000≤M<50 000	1.59	1.35	1.32	1.03
5	50 000≤M<100 000	1.43	1.22	1.19	0.93

续表 5–2

序号	工程费用合计 M（万元）	建设项目类型			
		航运枢纽	通航建筑物	港口	航道整治
6	100 000≤M<200 000	1.22	1.04	1.01	0.79
7	200 000≤M<300 000	0.79	0.67	0.66	0.51
8	300 000≤M<500 000	0.51	0.43	0.42	0.33
9	500 000≤M<800 000	0.38	0.32	0.32	0.25
10	800 000≤M<1 000 000	0.29	0.25	0.24	0.19

注：1. 费用按差额定率累进法计算。

2. 单一疏浚、吹填造陆项目按航道整治工程项目乘以系数 0.6。

3. 代建管理费是指项目单位根据相关规定，委托代建单位进行项目建设管理所需的费用。费用应根据代建管理内容、要求及市场因素计算；条件不具备的，可参照相关标准或办法计列。代建管理费的费用项目及内容不得与项目单位开办费和项目单位经费重复计列。

（三）前期工作费

前期工作费是指政府投资工程建设项目在工程可行性研究报告审批之前、企业投资工程建设项目在核准或备案之前所发生的费用。主要包括可行性研究费（或项目申请书编制费）、研究试验费、勘察观测费及其他。各项费用应据实计列，尚未确定费用额度的项目，应根据实际情况按相关标准或办法编制费用项目分项概算，并应列明相应依据及计算办法；条件不具备的，可参考有关资料计列，并应列明相应资料信息及计算办法。各项费用应符合下列规定：

1. 可行性研究费（或项目申请书编制费）是指在建设项目前期工作中，编制和评审评估项目建议书或预可行性研究报告、工程可行性研究报告（或项目申请书）等所发生的费用；

2. 研究试验费是指项目前期建设方为建设项目提供或验证设计咨询数据、资料等进行必要的研究试验，以及按照设计咨询要求必须进行试验、验证等工作所发生的费用；

3. 勘察观测费是指项目前期为保证项目实施所必须进行的勘察、观测等工作所发生的费用；

4. 其他主要包括为完成项目前期各项工作所发生的咨询、评估、论证和管理等所发生的费用。

（四）勘察设计费

勘察设计费是指初步设计、施工图设计等阶段，对工程项目进行勘察、设计、专项咨询、编制造价控制文件等所需的费用，主要包括勘察费、设计费、设计文件第三方技术咨询费及其他。各项费用应符合下列规定：

1. 勘察费是指进行各类工程勘察（含施工前第三方测量）所需的费用，费用计列按下列规定执行：

（1）对已完成的勘察工作，费用按实际发生情况计列；

（2）对未完成的勘察工作，费用按合同计列；

（3）条件不具备的，根据实际需要按有关定额及标准计算，并列明相应依据及计算办法。

2. 设计费是指进行建设项目设计和编制初步设计文件、施工图设计文件、非标准设备设计文件、相应造价文件、竣工图文件以及进行工程专项咨询等所需的费用。费用根据合同计列；条件不具备的，可按基本设计费与其他设计费之和计列，上述费用计算参考办法如下：

（1）基本设计费主要包括编制初步设计文件、施工图设计文件，提供相应设计技术交底，解决施工中的设计技术问题，参加试车考核和竣工验收等服务，以及编制施工图预算或其他造价文件，编制竣工图所需的费用，基本设计费参照工程费用乘以表 5–3 的费率计算。

（2）其他设计费主要包括根据实际需要或发包人要求，提供包括总体设计、主体设计协调、采用标准设计和复用设计、进行非标准设备设计等相关服务所需的费用，费用按下列办法计算：

表 5-3　基本设计费参考费率表

序号	工程费用 M(万元)	基本设计费费率(%)
1	$M<500$	7.88
2	$500\leqslant M<1\ 000$	6.35
3	$1\ 000\leqslant M<3\ 000$	4.54
4	$3\ 000\leqslant M<5\ 000$	4.05
5	$5\ 000\leqslant M<10\ 000$	3.85
6	$10\ 000\leqslant M<20\ 000$	3.50
7	$20\ 000\leqslant M<40\ 000$	3.42
8	$40\ 000\leqslant M<60\ 000$	3.28
9	$60\ 000\leqslant M<80\ 000$	3.19
10	$80\ 000\leqslant M<100\ 000$	3.10
11	$100\ 000\leqslant M<200\ 000$	2.89
12	$200\ 000\leqslant M<400\ 000$	2.69
13	$400\ 000\leqslant M<600\ 000$	2.57
14	$600\ 000\leqslant M<800\ 000$	2.50
15	$800\ 000\leqslant M<1\ 000\ 000$	2.44

注：1. 施工图预算或其他造价文件及竣工图编制费分别为基本设计费的 10%、8%。
2. 离岸孤立建筑物工程、航运枢纽工程乘以系数 1.15。
3. 单一疏浚、吹填造陆项目设计费用乘以系数 0.85。
4. 改建和技术改造建设项目，根据工程复杂程度乘以系数 1.20 ~ 1.50。
5. 费用按差额定率累进法计算。

1)根据技术标准的规定或者发包人的要求，需要在初步设计之前编制总体设计的，按建设项目基本设计费的 5% 增计总体设计费；

2)建设项目工程设计由两个或以上设计人承担的，按建设项目基本设计费的 5% 增计工程设计协调费；

3)非标准设备设计费按非标准设备本体概算价值的 10% ~ 20% 计列。

(3)工程设计中采用设计人自有专利或者专有技术的，其专利和专有技术费根据合同或参考类似工程资料计列；

(4)工程设计中的引进技术需要境内设计人配合设计的，或需要按照境外设计程序和技术质量要求由境内设计人进行设计的，设计费根据实际发生额或参考类似工程资料计列；

(5)由境外设计人提供设计文件，需要境内设计人按照国家标准规范审核并签署确认意见的，审核设计费根据实际发生额或参考类似工程资料计列；

(6)初步设计和施工图设计阶段的工作量比例一般为 4∶6(对于航道整治工程工作量比例为 6∶4)，不同阶段设计费按上述比例划分。

3. 设计文件第三方技术咨询费是指根据相关规定，为保证工程设计质量，由第三方对初步设计文件、施工图设计文件进行技术审查咨询，以及对造价文件进行专项审查咨询所需的、由项目单位支付的费用。费用按相关规定计列或根据咨询工作量考虑；条件不具备的，可以建筑安装工程费为基数乘以表 5-4 的费率计算。

表 5-4 设计文件第三方技术咨询费参考费率表 单位：%

序号	建筑安装工程费 M（万元）	初步设计（航道整治施工图设计）		施工图设计（航道整治初步设计）	
		设计文件	造价文件	设计文件	造价文件
1	M<5 000	0.160	0.032	0.240	0.048
2	5 000≤M<10 000	0.130	0.026	0.195	0.039
3	10 000≤M<50 000	0.110	0.022	0.165	0.033
4	50 000≤M<100 000	0.100	0.020	0.150	0.030
5	100 000≤M<200 000	0.090	0.018	0.135	0.027
6	200 000≤M<300 000	0.080	0.016	0.120	0.024
7	300 000≤M<500 000	0.060	0.012	0.090	0.018

注：1. 设计阶段栏括号表示相应费率亦对应括号内所示工程及设计阶段。
2. 对于离岸孤立建筑物工程、航运枢纽工程，其费率可根据技术审核咨询实际工作内容进行调整。
3. 单一疏浚、吹填造陆项目咨询费用乘以系数 0.85。
4. 不进行造价文件专项审查咨询的项目不得计列造价文件审查咨询费。
5. 费用按差额定率累进法计算。

4. 其他是指为建设项目勘察设计所进行的其他工作所需的费用。如勘察设计专项评审、咨询会议、设备采购技术规格书编制等，对于已实施的项目，费用应据实计列；未实施的，费用根据实际需要和工作内容及深度要求，参照相关标准或计算办法计列，并列明相应依据及计算办法。

（五）监理费

监理费是指根据国家相关规定和工程建设需要，由监理人开展建设工程监理与相关服务、施工期环境监理等所需的费用，主要包括建设工程施工监理服务费、其他相关服务费及施工期环境监理费等，各项费用应符合下列规定：

1. 建设工程施工监理服务费是指开展建设工程施工阶段的质量、进度、费用控制管理和安全生产监督管理，合同、信息等方面协调管理等服务所需的费用。费用应根据项目需要和工作内容计列；条件不具备的，可按需监理服务工程项目的工程费用乘以表 5-5 的费率计算。

表 5-5 施工监理服务费参考费率表

序号	工程费用 M（万元）	费率（%）
1	M<500	3.63
2	500≤M<1 000	3.31
3	1 000≤M<3 000	2.86
4	3 000≤M<5 000	2.66
5	5 000≤M<10 000	2.40
6	10 000≤M<20 000	2.16
7	20 000≤M<40 000	1.95
8	40 000≤M<60 000	1.82
9	60 000≤M<80 000	1.73

续表 5–5

序号	工程费用 M(万元)	费率(%)
10	80 000≤M<100 000	1.66
11	100 000≤M<200 000	1.49
12	200 000≤M<400 000	1.34
13	400 000≤M<600 000	1.25
14	600 000≤M<800 000	1.19
15	800 000≤M<1 000 000	1.14

注:1. 离岸孤立建筑物工程、航运枢纽工程监理费用乘以系数 1.15。
2. 单一疏浚、吹填造陆工程监理费用乘以系数 0.85。
3. 设备购置费占工程费用的 40% 以上时,按设备购置费的 40% 计入计费基础。
4. 费用按差额定率累进法计算。

2. 其他相关服务费是指为建设项目勘察、设计、保修等阶段提供相关服务所需的费用,费用应根据监理服务工作内容计列;条件不具备的,可按施工监理服务费的 5% ~ 10% 估列,费用主要包括下列内容:

(1)勘查阶段协助发包人编制勘察要求、核查勘察方案并监督实施,参与验收勘察成果;

(2)设计阶段协助发包人编制设计要求、组织评选设计方案,对各设计单位进行协调管理,监督合同履行,审查设计进度计划并监督实施,核查设计大纲和设计深度、使用技术规范合理性,提出设计评估报告,协助审核设计概算;

(3)保修阶段检查和记录工程质量缺陷,对缺陷原因进行调查分析并确定责任归属,审核修复方案,监督修复过程并验收,审核修复费用。

3. 施工期环境监理费是指根据环境保护审批要求,环境监理单位实施工程施工环境监理等相关服务所需的费用,主要包括施工期环境监测费、环境跟踪监测费等。费用应根据环境评价及批复意见的有关内容,按相关标准或参考有关资料计列,并应列明相应依据、资料信息及计算办法。

4. 利用外资贷款建设项目的外方监理费,其项目及费用应按有关协议计列;条件不具备的,可按相关标准或参照相关资料计列,并列明相应依据、资料信息及计算办法。

(六)研究试验费

研究试验费是指项目建设期间,为工程建设提供或验证设计参数、资料等进行必要的研究试验,以及按照设计需要,在建设过程中必须进行试验、观测、验证等工作所需的费用。费用应符合下列规定:

1. 费用不包括由科技三项费用(新产品试制费、中间试验费和重要科学研究补助费)开支的项目费用,在建筑安装工程费中列支的施工企业对建筑材料、构件和建筑物进行一般鉴定、检查所发生的费用及技术革新的研究试验费用,以及由勘察设计费或工程费用中开支的项目费用。

2. 费用根据合同计列;未订立合同的,根据设计提出的研究试验内容,考虑实际情况按相关标准或计算办法编制费用项目分项概算,并列明相应依据及计算方法。

(七)招标费

招标费是指根据相关规定和管理需要,进行工程建设招标活动所需的费用,主要包括招标代理费、编制最高投标限价或标底费用,以及进场交易费用等。各项费用应符合下列规定:

1. 招标代理费是指由招标代理机构进行工程、货物、服务招标,编制招标文件,审查投标人资格,组织投标人踏勘现场及答疑,组织开标、评标、定标,以及提供招标前期咨询、协调合同签订等服务所需的费用。费用应根据实际发生情况或项目需要计列;条件不具备的,可按拟定招标方案项目的概算金额乘以表 5–6 的费率计算。

表 5-6 招标代理费参考费率表 单位：%

概算 M（万元）	货物招标	服务招标	工程招标
$M<100$	1.500	1.500	1.000
$100<M<500$	1.100	0.800	0.700
$500<M<1\ 000$	0.800	0.450	0.550
$1\ 000<M<5\ 000$	0.500	0.250	0.350
$5\ 000<M<10\ 000$	0.250	0.100	0.200
$10\ 000<M<50\ 000$	0.050	0.050	0.050
$50\ 000<M<100\ 000$	0.035	0.035	0.035
$100\ 000<M<500\ 000$	0.008	0.008	0.008
$500\ 000<M<1\ 000\ 000$	0.006	0.006	0.006

注：费用按差额定率累进法计算。

2. 编制最高投标限价或标底等造价文件所需的费用，应按项目实际计列；条件不具备的，可参照勘察设计费中的设计费的相关造价文件编制计费方法计算。

3. 拟自行招标的工程，可根据招标工作内容计列招标工作费用，并列明相关依据及计算方法。

4. 进场交易费是指根据相关规定或管理需要，工程项目进入公共资源交易平台（市场）所需的费用。项目及费用应按有关规定和办法计列，并列明相关依据及计算方法。

（八）引进技术和进口设备材料其他费

引进技术和进口设备材料其他费是指为引进技术和进口设备材料所需的，在设备材料价格以外的各类费用。主要包括技术合作费和银行担保承诺费等。费用应根据建设需要，按相关协议计列；条件不具备的，可按相关标准或参照相关资料计列，并列明相应依据、资料信息及计算方法。费用应符合下列规定：

1. 技术合作费主要包括派遣出境人员进行设计联络、设备监造、材料监检、培训等发生的差旅费、生活费、保险费，国外工程技术人员来华发生的现场办公费、往返现场交通费、生活费及接待费，国外设计及技术资料、软件、专利和技术转让费，翻译复制费，延期或分期付款利息等；

2. 银行担保承诺费主要包括引进项目由国内外金融机构出面承担风险和责任担保所需的费用，以及支付贷款机构的承诺费用。

（九）生产准备费

生产准备费是指在项目建设期间，为准备项目正常生产、营运或使用所需的费用，主要包括联合试运转费、人员培训及提前进厂费、办公和生活家具购置费等，各项费用应符合下列规定：

1. 联合试运转费是指建设项目的各种生产设备、设施等在施工安装完毕后，按照设计规定的工程质量标准，进行的单机重载试运转或生产系统重载联合试运转所需的费用。费用内容主要包括联合试运转所需的材料、燃油料和动力的消耗，船舶和机械使用费，工具用具和低值易耗品费，以及其他有关费用，费用应按下列规定计算：

（1）费用根据工程项目需要，按相关标准或计算办法编制费用项目分项概算，并列明相应依据及计算方法；条件不具备的，参照工程费用中需要联合试运转的设备购置费乘以表 5-7 的相应费率计列。

表 5-7 联合试运转费费率表 单位：%

序号	项目名称	费率
1	航运枢纽工程	0.20
2	通航建筑物工程	0.30
3	使用系统设备的散货、液体化工及综合性码头工程	0.70
4	单一的杂货及集装箱码头工程	0.30

（2）联合试运转期间的收入在费用中予以抵扣。

（3）费用不包括设备安装工程费中的调试及试车等费用。

2. 人员培训及提前进厂费是指建设项目竣工验收或交付使用前，生产单位为保证生产的正常运行，安排的需提前进厂（港）生产人员的经费和自行组织对生产人员培训所需的经费。费用及计算应按下列规定执行：

（1）费用内容主要包括提前进厂（港）人员及需要培训人员的工资、工资性补贴、社会保险费和住房公积金、职工福利费、差旅交通费、劳动保护费、培训及学习资料费等，但不包括设备供货附加的设备操作及管理、培训所需的费用；

（2）费用根据建设项目需要，按相关标准或计算办法编制费用项目分项概算，并列明相应依据及计算方法。

3. 办公和生活家具购置费是指为保证建设项目初期正常生产、运营和管理必须购置的办公、生活家具和用具等所需的费用，费用内容主要包括办公室、会议室、资料档案室、食堂、浴室、单身职工宿舍等所需的家具、用具等的购置费用，费用应根据建设项目需要按相关标准或办法编制费用项目分项概算，并列明相应依据及计算方法；条件不具备的，可按设计定员乘以费用参考指标计列，费用参考指标为每人5 000～10 000元。

（十）竣工验收前相关费

竣工验收前相关费是指根据国家及行业有关规定、技术标准和建设项目的实际需要，在项目竣工验收前必须进行的工作（工程）所需的费用，主要包括竣工前测量费、实船适航试验费、航道整治效果观测费、断航损失补偿费等。费用应符合下列规定：

1. 竣工前测量费是指工程竣工验收前，根据有关规定和标准对港口工程施工水域内港池、航道、锚地等进行扫测，对航道工程施工区域和航行区域进行测量，以及竣工验收现场核查时进行测量等所需的费用。费用应根据工程需要按相关标准或办法编制费用项目分项概算，并列明相应依据及计算方法；条件不具备的，可参考相关资料计列，并列明相应资料信息及计算方法。

2. 实船适航试验费是指航道工程中新开航道、整治后提高航道等级或通航标准的航道或渠化后的航道，在竣工验收前按设计确定的通航船舶标准，组织实船通航试验所需的费用。费用内容主要包括试航船队准备、航行，护航船舶航行费用，施工单位及有关单位参加实船适航试验人员的人工费等（扣除试航船舶营运收益）。费用应根据工程项目需要及拟定试航次数、天数等因素，按相关标准或计算办法编制费用项目分项概算，并列明相应依据及计算方法；条件不具备的，可参考相关资料或营运船舶的费用计算标准计列，并列明相应依据、资料信息及计算方法。

3. 航道整治效果观测费是指航道整治工程项目竣工验收前，为验证设计及整治效果，对整治后的航道区段进行水下地形和水文情况的观测分析等工作所需的费用。费用应根据工程项目需要按相关标准或计算办法编制费用项目分项概算，并列明相应依据及计算方法；条件不具备的，可参考相关资料计列，并列明相应资料信息及计算方法。

4. 断航损失补偿费是指通航河段因进行施工而临时断航，对造成的第三方损失进行补偿所需的费用。费用应根据断航期限、航段通航及运量情况、需要采取的措施及补偿范围等，按相关标准或计算办法编制分项概算，并列明相应依据及计算方法；条件不具备的，可参考相关资料计列，并列明相应资料信息及计算方法。

（十一）其他相关费用

其他相关费用是指根据国家及行业有关规定、技术标准和建设项目的实际需要，为保证建设项目实施所必须进行的、需要在工程建设其他费用中计列的、上述费用以外的费用项目，包括工程保险费、各类检验及检（监）测费、各类专项评价及评估费、第三方审计服务费等，各项费用应根据工程项目需要按相关标准或计算办法编制费用项目分项概算，并列明相应依据及计算方法；条件不具备的，可参考相关资料计列，并列明相应资料信息及计算方法。各项费用项目内容应明确，依据应合理有效。

三、预留费用

预留费用包括基本预备费和物价上涨费，费用应符合下列规定：

（一）基本预备费

基本预备费是指初步设计阶段预留的工程实施中不可预见的工程或费用，主要应包括下列内容：

1. 在初步设计范围内，施工图设计阶段或施工过程中由于设计变更等增加的工程内容及费用；

2. 一般自然灾害造成的损失及预防自然灾害所采取的措施等增加的费用；

3. 竣工验收时为鉴定工程质量对隐蔽工程进行必要的挖掘、剥离和修复所需的费用。

基本预备费应根据工程复杂程度，按工程费用与工程建设其他费用之和乘以 2%～5% 计算。

（二）物价上涨费

物价上涨费是指建设项目自概算编制时起至竣工投产期间内，由于利率、汇率或价格等因素的变化而预留的可能增加的、需要在概算中计列的费用。费用应根据计算建设工期、分年度计划投资概算金额等参数按公式（5-1）计算：

$$E=\sum_{n=1}^{N}F_n[(1+P)^n-1] \tag{5-1}$$

式中：E——物价上涨费（万元）；

N——计算建设工期（年），自概算编制始至计划竣工验收止；

n——建设年度；

F_n——第 n 年的年度投资概算金额（万元），为工程费用与不含建设用地用海费用的工程建设其他费用之和；

P——年投资价格指数（%），为国家或行业发布的投资价格指数。

四、建设期利息

建设期利息是指在项目建设期内为工程项目筹措资金所需的债务资金利息和融资费用。费用应符合下列规定：

（一）债务资金利息

债务资金利息是指建设项目投资中分年度使用国内或国外债务资金，在建设期内应归还的利息，主要包括贷款利息及其他债务利息支出所需的费用，费用及计算应按下列规定执行：

1. 国外债务资金利息按外币计列，其他债务利息应根据相关规定、合同或协议，按相应标准或办法计列；

2. 国内贷款利息根据需付息的分年度贷款金额（为工程费用、工程建设其他费用与预留费用之和）、贷款年限、贷款利率等参数，按公式（5-2）计算：

$$Q=\sum_{n=1}^{N}\left(P_n+\frac{1}{2}A_n\right)\cdot i \tag{5-2}$$

式中：Q——贷款利息（万元）；

N——贷款年限（年）；

P_n——第 n 年年初贷款本息累计（万元）；

A_n——第 n 年当年贷款额（万元）；

i——贷款协议确定的或编制期贷款年利率。

（二）融资费用

融资费用是指项目资金筹措所需的费用，主要包括贷款评估费、国外借款手续费及承诺费、股票或债券发行费及其他融资费用。各项费用应根据相关规定、合同或协议，按相应标准或办法计列。

第二节　公 路 工 程

一、工程建设其他费用

工程建设其他费用包括建设项目管理费、研究试验费、前期工作费、专项评价(估)费、联合试运转费、生产准备费、工程保通管理费、工程保险费、其他相关费用。

(一)建设项目管理费

建设项目管理费包括建设单位(业主)管理费、建设项目信息化费、工程监理费、设计文件审查费、竣(交)工验收试验检测费。其中建设单位(业主)管理费、建设项目信息化费和工程监理费均为实施建设项目管理的费用,可根据建设单位(业主)、施工、监理单位所实际承担的工作内容和工作量统筹使用。

1. 建设单位(业主)管理费。

建设单位(业主)管理费是指建设单位(业主)为进行建设项目的立项、筹建、建设、竣(交)工验收、总结等工作所发生的费用。

(1)建设单位(业主)管理费包括工作人员的工资、工资性津贴、施工现场津贴,社会保险费用(基本养老、基本医疗、失业、工伤保险)、住房公积金、职工福利费、工会经费、劳动保护费,办公费、会议费、差旅交通费、固定资产使用费(包括办公及生活房屋折旧、维修或租赁费,车辆折旧、维修、使用或租赁费,通信设备购置、使用费,测量、试验设备仪器折旧、维修或租赁费,其他设备折旧、维修或租赁费等)、零星固定资产购置费、招募生产工人费,技术图书资料费、职工教育培训经费,招标管理费,合同契约公证费、法律顾问费、咨询费,建设单位的临时设施费、完工清理费、竣(交)工验收费[含其他行业或部门要求的竣工验收费用、建设单位负责的竣(交)工文件编制费],各种税费(包括房产税、车船使用税、印花税等),对建设项目前期工作、项目实施及竣工决算等全过程进行审计所发生的审计费用,境内外融资费用(不含建设期贷款利息)、业务招待费及工程质量、安全生产管理费和其他管理性开支。

(2)建设单位(业主)管理费以定额建筑安装工程费为基数,按表 5-8 的费率,以累进方法计算。

表 5-8　建设单位(业主)管理费费率表

定额建筑安装工程费(万元)	费率(%)	算　例	
		定额建筑安装工程费(万元)	建设单位(业主)管理费(万元)
500 及以下	4.858	500	500 × 4.858%=24.29
500 ~ 1 000	3.813	1 000	24.29+(1 000-500)× 3.813%=43.355
1 000 ~ 5 000	3.049	5 000	43.355+(5 000-1 000)× 3.049%=165.315
5 000 ~ 10 000	2.562	10 000	165.315+(10 000-5 000)× 2.562%=293.415
10 000 ~ 30 000	2.125	30 000	293.415+(30 000-10 000)× 2.125%=718.415
30 000 ~ 50 000	1.773	50 000	718.415+(50 000-30 000)× 1.773%=1 073.015
50 000 ~ 100 000	1.312	100 000	1 073.015+(100 000-50 000)× 1.312%=1 729.015
100 000 ~ 150 000	1.057	150 000	1 729.015+(150 000-100 000)× 1.057%=2 257.515
150 000 ~ 200 000	0.826	200 000	2 257.515+(200 000-150 000)× 0.826%=2 670.515
200 000 ~ 300 000	0.595	300 000	2 670.515+(300 000-200 000)× 0.595%=3 265.515
300 000 ~ 400 000	0.498	400 000	3 265.515+(400 000-300 000)× 0.498%=3 763.515

续表 5-8

定额建筑安装工程费（万元）	费率（%）	算　例	
		定额建筑安装工程费（万元）	建设单位（业主）管理费（万元）
400 000～600 000	0.450	600 000	3 763.515+（600 000−400 000）×0.450%=4 663.515
600 000～800 000	0.400	800 000	4 663.515+（800 000−600 000）×0.400%=5 463.515
800 000～1 000 000	0.375	1 000 000	5 463.515+（1 000 000−800 000）×0.375%=6 213.515
1 000 000 以上	0.350	1 200 000	6 213.515+（1 200 000−1 000 000）×0.350%=6 913.515

（3）双洞长度超过 5 000m 的独立隧道，水深大于 15m、跨径大于或等于 400m 的斜拉桥和跨径大于或等于 800m 的悬索桥等独立特大型桥梁工程的建设单位（业主）管理费，按表 5-8 中的费率乘以系数 1.3 计算；海上工程［指由于风浪影响，工程施工期（不包括封冻期）全年月平均工作日少于 15d 的工程］的建设单位（业主）管理费，按表 5-8 中的费率乘以系数 1.2 计算。

2. 建设项目信息化费。

建设项目信息化费是指建设单位（业主）和各参建单位用于建设项目的质量、安全、进度、费用等方面的信息化建设、运维及各种税费等费用，包括建设项目全寿命周期的建筑信息模型（Building Information Modeling）等相关费用。建设项目信息化费以定额建筑安装工程费为基数，按表 5-9 的费率，以累进方法计算。

表 5-9　建设项目信息化费费率表

定额建筑安装工程费（万元）	费率（%）	算　例	
		定额建筑安装工程费（万元）	建设项目信息化费（万元）
500 及以下	0.600	500	500×0.600%=3
500～1 000	0.452	1 000	3+（1 000−500）×0.452%=5.26
1 000～5 000	0.356	5 000	5.26+（5 000−1 000）×0.356%=19.5
5 000～10 000	0.285	10 000	19.5+（10 000−5 000）×0.285%=33.75
10 000～30 000	0.252	30 000	33.75+（30 000−10 000）×0.252%=84.15
30 000～50 000	0.224	50 000	84.15+（50 000−30 000）×0.224%=128.95
50 000～100 000	0.202	100 000	128.95+（100 000−50 000）×0.202%=229.95
100 000～150 000	0.171	150 000	229.95+（150 000−100 000）×0.171%=315.45
150 000～200 000	0.160	200 000	315.45+（200 000−150 000）×0.160%=395.45
200 000～300 000	0.142	300 000	395.45+（300 000−200 000）×0.142%=537.45
300 000～400 000	0.135	400 000	537.45+（400 000−300 000）×0.135%=672.45
400 000～600 000	0.131	600 000	672.45+（600 000−400 000）×0.131%=934.45
600 000～800 000	0.127	800 000	934.45+（800 000−600 000）×0.127%=1 188.45
800 000～1 000 000	0.125	1 000 000	1 188.45+（1 000 000−800 000）×0.125%=1 438.45
1 000 000 以上	0.122	1 200 000	1 438.45+（1 200 000−1 000 000）×0.122%=1 682.45

3. 工程监理费。

工程监理费是指建设单位（业主）委托具有监理资格的单位，按施工监理规范进行全面的监督和管理所发生的费用。

（1）工程监理费的内容包括工作人员的工资、工资性津贴、施工现场津贴、社会保险费用（基本养老、基本医疗、失业、工伤保险）、住房公积金、职工福利费、工会经费、劳动保护费，办公费、会议费、差旅交通费，办公、试验固定资产使用费（包括办公及生活房屋折旧、维修或租赁费，车辆折旧、维修、使用或租赁费，通信设备购置、使用费，测量、试验、检测设备仪器折旧、维修或租赁费，其他设备折旧、维修或租赁费等）、零星固定资产购置费、招募生产工人费，技术图书资料费、职工教育经费、投标费用，合同契约公证费、法律顾问费、咨询费、业务招待费，财务费用、监理单位的临时设施费、完工清理费、竣（交）工验收费，各种税费，安全生产管理费和其他管理性开支。

（2）工程监理费以定额建筑安装工程费为基数，按表 5-10 的费率，以累进方法计算。

表 5-10 工程监理费费率表

定额建筑安装工程费（万元）	费率（%）	算例	
		定额建筑安装工程费（万元）	工程监理费（万元）
500 及以下	3.00	500	500 × 3.00%=15
500 ~ 1 000	2.40	1 000	15+（1 000–500）× 2.40%=27
1 000 ~ 5 000	2.10	5 000	27+（5 000–1 000）× 2.10%=111
5 000 ~ 10 000	1.94	10 000	111+（10 000–5 000）× 1.94%=208
10 000 ~ 30 000	1.87	30 000	208+（30 000–10 000）× 1.87%=582
30 000 ~ 50 000	1.83	50 000	582+（50 000–30 000）× 1.83%=948
50 000 ~ 100 000	1.78	100 000	948+（100 000–50 000）× 1.78%=1 838
100 000 ~ 150 000	1.72	150 000	1 838+（150 000–100 000）× 1.72%=2 698
150 000 ~ 200 000	1.64	200 000	2 698+（200 000–150 000）× 1.64%=3 518
200 000 ~ 300 000	1.55	300 000	3 518+（300 000–200 000）× 1.55%=5 068
300 000 ~ 400 000	1.49	400 000	5 068+（400 000–300 000）× 1.49%=6 558
400 000 ~ 600 000	1.45	600 000	6 558+（600 000–400 000）× 1.45%=9 458
600 000 ~ 800 000	1.42	800 000	9 458+（800 000–600 000）× 1.42%=12 298
800 000 ~ 1 000 000	1.37	1 000 000	12 298+（1 000 000–800 000）× 1.37%=15 038
1 000 000 以上	1.33	1 200 000	15 038+（1 200 000–1 000 000）× 1.33%=17 698

4. 设计文件审查费。

设计文件审查费是指在项目审批前，建设单位（业主）为保证勘察设计工作的质量，组织有关专家或委托有资质的单位，对提交的建设项目可行性研究报告和勘察设计文件进行审查所需要的相关费用。设计文件审查费以定额建筑安装工程费为基数，按表 5-11 的费率，以累进方法计算。

（1）建设项目若有地质勘察监理，费用在此项目内开支。

（2）建设项目若有设计咨询（或称设计监理、设计双院制），其费用在此项目内开支。

表 5-11　设计文件审查费费率表

<table>
<tr><th rowspan="2">定额建筑安装工程费
（万元）</th><th rowspan="2">费率
（%）</th><th colspan="2">算　　例</th></tr>
<tr><th>定额建筑安装
工程费（万元）</th><th>设计文件审查费（万元）</th></tr>
<tr><td>5 000 以下</td><td>0.077</td><td>5 000</td><td>5 000 × 0.077%=3.85</td></tr>
<tr><td>5 000 ~ 10 000</td><td>0.072</td><td>10 000</td><td>3.85+（10 000–5 000）× 0.072%=7.45</td></tr>
<tr><td>10 000 ~ 30 000</td><td>0.069</td><td>30 000</td><td>7.45+（30 000–10 000）× 0.069%=21.25</td></tr>
<tr><td>30 000 ~ 50 000</td><td>0.066</td><td>50 000</td><td>21.25+（50 000–30 000）× 0.066%=34.45</td></tr>
<tr><td>50 000 ~ 100 000</td><td>0.065</td><td>100 000</td><td>34.45+（100 000–50 000）× 0.065%=66.95</td></tr>
<tr><td>100 000 ~ 150 000</td><td>0.061</td><td>150 000</td><td>66.95+（150 000–100 000）× 0.061%=97.45</td></tr>
<tr><td>150 000 ~ 200 000</td><td>0.059</td><td>200 000</td><td>97.45+（200 000–150 000）× 0.059%=126.95</td></tr>
<tr><td>200 000 ~ 300 000</td><td>0.057</td><td>300 000</td><td>126.95+（300 000–200 000）× 0.057%=183.95</td></tr>
<tr><td>300 000 ~ 400 000</td><td>0.055</td><td>400 000</td><td>183.95+（400 000–300 000）× 0.055%=238.95</td></tr>
<tr><td>400 000 ~ 600 000</td><td>0.053</td><td>600 000</td><td>238.95+（600 000–400 000）× 0.053%=344.95</td></tr>
<tr><td>600 000 ~ 800 000</td><td>0.052</td><td>800 000</td><td>344.95+（800 000–600 000）× 0.052%=448.95</td></tr>
<tr><td>800 000 ~ 1 000 000</td><td>0.051</td><td>1 000 000</td><td>448.95+（1 000 000–800 000）× 0.051%=550.95</td></tr>
<tr><td>1 000 000 以上</td><td>0.050</td><td>1 200 000</td><td>550.95+（1 200 000–1 000 000）× 0.050%=650.95</td></tr>
</table>

5. 竣（交）工验收试验检测费。

竣（交）工验收试验检测费是指在公路建设项目竣（交）工验收前，由建设单位（业主）或工程质量监督机构委托有资质的公路工程质量检测单位按照有关规定对建设项目的工程质量进行检测并出具检测试验意见，以及进行桥梁动（静）载试验或其他特殊检测等所需的费用。

（1）竣（交）工验收试验检测费按表 5-12 规定的费率计算。道路工程按主线路基长度计算，桥梁工程以主线桥梁、分离式立交、匝道桥的长度之和进行计算，隧道按单洞长度计算。

（2）道路工程，高速公路、一级公路按四车道计算，二级及二级以下公路按两车道计算，每增加 1 个车道，按表 5-12 的费用增加 10%。桥梁和隧道按双向四车道计算，每增加 1 个车道费用增加 15%。二级及二级以下公路的桥隧工程，按表 5-12 费用的 40% 计算。

表 5-12　竣（交）工验收试验检测费

<table>
<tr><th colspan="3">检测项目</th><th>竣（交）工验收
试验检测费（元）</th><th>备注</th></tr>
<tr><td colspan="2" rowspan="4">道路工程（元 /km）</td><td>高速公路</td><td>23 500</td><td rowspan="4">包括路基、路面、涵洞、通道、路段安全设施和机电、房建、绿化、环境保护及其他工程</td></tr>
<tr><td>一级公路</td><td>17 000</td></tr>
<tr><td>二级公路</td><td>11 500</td></tr>
<tr><td>三级及三级以下公路</td><td>5 750</td></tr>
<tr><td rowspan="5">桥梁
工程</td><td>一般桥梁（元 / 延米）</td><td>—</td><td>40</td><td rowspan="5">包括桥梁范围内的所有土建、安全设施和机电、声屏障等环境保护工程及必要的动（静）载试验</td></tr>
<tr><td rowspan="4">技术复杂桥梁
（元 / 延米）</td><td>钢管拱</td><td>750</td></tr>
<tr><td>连续钢构</td><td>500</td></tr>
<tr><td>斜拉桥</td><td>600</td></tr>
<tr><td>悬索桥</td><td>560</td></tr>
<tr><td colspan="2">隧道工程（元 / 延米）</td><td>单洞</td><td>80</td><td>包括隧道范围内的所有土建、安全设施、机电、消防设施等</td></tr>
</table>

（二）研究试验费

研究试验费是指按项目特点和有关规定，在建设过程中必须进行的研究和试验所需的费用，以及支付科技成果、专利、先进技术的一次性技术转让费。

1. 研究试验费不包括：

（1）应由前期工作费（为建设项目提供或验证设计数据、资料等专题研究）开支的项目；

（2）应由科技三项费用（即新产品试制费、中间试验费和重要科学研究补助费）开支的项目；

（3）应由施工辅助费开支的施工企业对建筑材料、构件和建筑物进行一般鉴定、检查所发生的费用及技术革新研究试验费。

2. 计算方法：按设计提出的研究试验内容和要求进行编制。

（三）前期工作费

建设项目前期工作费是指委托勘察设计单位、咨询单位对建设项目进行可行性研究、工程勘察设计，以及设计、监理、施工招标文件及招标标底或造价控制值文件编制时，按规定应支付的费用。

1. 建设项目前期工作费包括：

（1）编制项目建议书（或预可行性研究报告）、可行性研究报告、投资估算，以及相应的勘察、设计等所需的费用；

（2）通过风洞试验、地震动参数、索塔足尺模型试验、桥墩局部冲刷试验、桩基承载力试验等为建设项目提供或验证设计数据所需的专题研究费用；

（3）初步设计和施工图设计的勘察费、设计费、概（预）算编制及调整概算编制费用等；

（4）设计、监理、施工招标及招标标底（或造价控制值或清单预算）文件编制费。

2. 计算方法：前期工作费以定额建筑安装工程费为基数，按表 5-13 的费率，以累进方法计算。

表 5-13　建设项目前期工作费费率表

定额建筑安装工程费（万元）	费率（%）	算　例	
		定额建筑安装工程费（万元）	建设项目前期工作费（万元）
500 及以下	3.00	500	500 × 3.00%=15
500 ~ 1 000	2.70	1 000	15+（1 000–500）× 2.70%=28.5
1 000 ~ 5 000	2.55	5 000	28.5+（5 000–1 000）× 2.55%=130.5
5 000 ~ 10 000	2.46	10 000	130.5+（10 000–5 000）× 2.46%=253.5
10 000 ~ 30 000	2.39	30 000	253.5+（30 000–10 000）× 2.39%=731.5
30 000 ~ 50 000	2.34	50 000	731.5+（50 000–30 000）× 2.34%=1 199.5
50 000 ~ 100 000	2.27	100 000	1 199.5+（100 000–50 000）× 2.27%=2 334.5
100 000 ~ 150 000	2.19	150 000	2 334.5+（150 000–100 000）× 2.19%=3 429.5
150 000 ~ 200 000	2.08	200 000	3 429.5+（200 000–150 000）× 2.08%=4 469.5
200 000 ~ 300 000	1.99	300 000	4 469.5+（300 000–200 000）× 1.99%=6 459.5
300 000 ~ 400 000	1.94	400 000	6 459.5+（400 000–300 000）× 1.94%=8 399.5
400 000 ~ 600 000	1.86	600 000	8 399.5+（600 000–400 000）× 1.86%=12 119.5
600 000 ~ 800 000	1.80	800 000	12 119.5+（800 000–600 000）× 1.80%=15 719.5
800 000 ~ 1 000 000	1.76	1 000 000	15 719.5+（1 000 000–800 000）× 1.76%=19 239.5
1 000 000 以上	1.72	1 200 000	19 239.5+（1 200 000–1 000 000）× 1.72%=22 679.5

（四）专项评价（估）费

专项评价（估）费是指依据国家法律、法规规定进行评价（估）、咨询，按规定应支付的费用。

1. 专项评价（估）费包括环境影响评价费、水土保持评估费、地震安全性评价费、地质灾害危险性评价费、压覆重要矿床评估费、文物勘察费、通航论证费、行洪论证（评估）费、使用林地可行性研究报告编制费、用地预审报告编制费、项目风险评估费、节能评估费和社会风险评估费、放射性影响评估费、规划选址意见书编制费等费用。

2. 计算方法：依据委托合同或参照类似工程已发生的费用计列。

（五）联合试运转费

联合试运转费是指建设项目的机电工程按照有关规定标准，需要进行整套设备带负荷联合试运转所需的全部费用，不包括应由设备安装工程费中开支的调试费用。

1. 联合试运转费包括联合试运转期间所需的材料、燃料和动力的消耗，机械和检测设备使用费，工具用具和低值易耗品费，参加联合试运转的人员工资及其他费用等。

2. 计算方法：联合试运转费以定额建筑安装工程费为基数，按 0.04% 的费率计算。

（六）生产准备费

生产准备费是指为保证新建、改扩建项目交付使用后满足正常的运行、管理发生的工器具购置、办公和生活用家具购置、生产人员培训、应急保通设备购置等费用。

1. 工器具购置费是指建设项目交付使用后为满足初期正常运营必须购置的第一套不构成固定资产的设备、仪器、仪表、工卡模具、器具、工作台（框、架、柜）等的费用，不包括构成固定资产的设备、工器具和备品、备件，及已列入设备费中的专用工具和备品、备件。工器具购置费由设计单位列出计划购置清单（包括规格、型号、数量），计算方法同设备购置费。

2. 办公和生活用家具购置费是指新建、改扩建工程项目，为保证初期正常生产、使用和管理所购置的办公和生活用家具、用具的费用，包括行政、生产部门的办公室、会议室、资料档案室、阅览室、宿舍及生活福利设施等的家具、用具。办公和生活用家具购置费按表 5-14 的规定计算。

表 5-14　办公和生活用家具购置费标准表

工程所在地	路线（元 / 公路公里）				单独管理或单独收费的桥梁、隧道（元 / 座）		
	高速公路	一级公路	二级公路	三、四级公路	特大、大桥		特长隧道
					一般桥梁	技术复杂大桥	
内蒙古、黑龙江、青海、新疆、西藏	21 500	15 600	7 800	4 000	24 000	60 000	78 000
其他省、自治区、直辖市	17 500	14 600	5 800	2 900	19 800	49 000	63 700

注：改扩建工程按表列费用的 70% 计。

3. 生产人员培训费是指为保证生产的正常运行，在工程交工验收交付使用前对运营部门生产人员和管理人员进行培训所需的费用，包括培训人员的工资、工资性津贴、职工福利费、差旅交通费、劳动保护费、培训及教学实习费等。该费用按设计定员和 3 000 元 / 人的标准计算。

4. 应急保通设备购置费是指新建、改扩建工程项目，为满足初期正常营运，购置保障抢修保通、应急处置，且构成固定资产的设备所需的费用。该费用由设计单位列出计划购置清单，计算方法同设备购置费。

（七）工程保通管理费

工程保通管理费是指新建或改扩建工程需边施工边维持通车或通航的建设项目，为保证公（铁）路运营安全、船舶航行安全及施工安全而进行交通（公路、航道、铁路）管制、交通（铁路）与船舶疏导所需的和媒体、公告等宣传费用及协管人员经费等。工程保通管理费应按设计需要列支。涉水项目施工期通航安全保障费用计算方法按《公路工程建设项目概算预算编制办法》JTG 3830–2018 执行。

（八）工程保险费

工程保险费是指在合同执行期内，施工企业按合同条款要求办理保险的费用，包括建筑工程一切险和第三方责任险。

1. 建筑工程一切险是为永久工程、临时工程和设备及已运至施工工地用于永久工程的材料和设备所投的保险。

2. 第三方责任险是对因实施合同工程而造成的财产（本工程除外）损失或损害，或人员（业主和承包人雇员除外）的死亡或伤残所负责进行的保险。

3. 工程保险费以建筑安装工程费（不含设备费）为基数，按 0.4% 的费率计算。

（九）其他相关费用

其他相关费用是指国务院行政主管部门及省级人民政府规定的其他与公路建设相关的费用，按其相关规定计算。

二、预备费

预备费由基本预备费和价差预备费两部分组成。

（一）基本预备费

基本预备费是指在初步设计和概算、施工图设计和施工图预算中难以预料的工程费用。

基本预备费包括：

1. 在进行技术设计、施工图设计和施工过程中，在批准的初步设计和概算范围内所增加的工程费用。

2. 在设备订货时，由于规格、型号改变的价差，材料货源变更、运输距离或方式的改变以及因规格不同而代换使用等原因发生的价差。

3. 在项目主管部门组织竣（交）工验收时，验收委员会（或小组）为鉴定工程质量必须开挖和修复隐蔽工程的费用。

基本预备费以建筑安装工程费、土地使用及拆迁补偿费、工程建设其他费之和为基数，按下列费率计算：

1. 设计概算按 5% 计列；

2. 修正概算按 4% 计列；

3. 施工图预算按 3% 计列。

（二）价差预备费

价差预备费是指设计文件编制年至工程交工年期间，建筑安装工程费用的人工费、材料费、设备费、施工机械使用费、措施费、企业管理费等由于政策、价格变化可能发生上浮而预留的费用，及外资贷款汇率变动部分的费用。

1. 计算方法：价差预备费以建筑安装工程费用总额为基数，按设计文件编制年始至建设项目工程交工年终的年数和年工程造价增长率计算。计算公式见公式（5–3）：

$$\text{价差预备费} = P \times \left[(1+i)^{n-1} - 1 \right] \tag{5-3}$$

式中：P——建筑安装工程费总额（元）；

i——年工程造价增长率（%）；

n——设计文件编制年至建设项目开工年 + 建设项目建设期限（年）。

2. 年工程造价增长率按有关部门公布的工程投资价格指数计算。

3. 设计文件编制至工程交工在 1 年以内的工程，不列此项费用。

三、建设期贷款利息

建设期贷款利息是指工程项目使用的贷款部分在建设期内应计取的贷款利息，包括各种金融机构贷款、建设债券和外汇贷款等利息。

利息计算方法：根据不同的资金来源分年度投资计算所需支付的利息。计算公式如下：

建设期贷款利息 = Σ（上年末付息贷款本息累计 + 本年度付息贷款额 +2）× 年利率

即见公式（5–4）：

$$S=\sum_{n=1}^{N}(F_{n-1}+b_n\div 2)\times i \tag{5-4}$$

式中：S——建设期贷款利息；

N——项目建设期（年）；

n——施工年度；

F_{n-1}——建设期第 $n-1$ 年末需付息贷款本息累计；

b_n——建设期第 n 年度付息贷款额；

i——中国人民银行公布的贷款基准年利率。

四、公路工程建设项目各项费用计算程序及计算方式

公路工程建设项目各项费用计算程序及计算方式见表 5–15。

表 5–15　公路工程建设项目各项费用计算程序及计算方式

序号	项目	说明及计算式
（一）	定额直接费	Σ人工消耗量 × 人工基价 + Σ（材料消耗量 × 材料基价 + 机械台班消耗量 × 机械台班基价）
（二）	定额设备购置费	Σ设备购置数量 × 设备基价
（三）	直接费	Σ人工消耗量 × 人工单价 + Σ（材料消耗量 × 机械台班消耗量 × 机械台班预算单价）
（四）	设备购置费	Σ设备购置数量 × 预算单价
（五）	措施费	（一）× 施工辅助费费率 + 定额人工费和定额施工机械使用费之和 × 其余措施费综合率
（六）	企业管理费	（一）× 企业管理费综合费率
（七）	规费	各类工程人工费（含施工机械人工费）× 规费综合费率
（八）	利润	[（一）+（五）+（六）] × 利润率
（九）	税金	[（三）+（四）+（五）+（六）+（七）+（八）] ×10%
（十）	专项费用	
	施工场地建设费	[（一）+（五）+（六）+（七）+（八）+（九）] × 累进费率
	安全生产费	建筑安装工程费（不含安全生产费本身）×（≥1.5%）
（十一）	定额安装工程费	（一）+（二）×40%+（五）+（六）+（七）+（八）+（九）+（十）
（十二）	建筑安装工程费	（三）+（四）+（五）+（六）+（七）+（八）+（九）+（十）
（十三）	土地使用及拆迁补偿费	按规定计算
（十四）	工程建设其他费	
	建设项目管理费	—
	建设单位（业主）管理费	（十一）× 累进费率

续表 5-15

序号	项目	说明及计算式
	建设项目信息化费	(十一)× 累进费率
	工程监理费	(十一)× 累进费率
	设计文件审查费	(十一)× 累进费率
	竣(交)工验收试验检测费	按规定计算
	研究试验费	(十一)× 累进费率
	建设项目前期工作费	—
	专项评价(估)费	—
	联合试运转费	—
	生产准备费	—
	工具器购置费	按规定计算
	办公和生活用家具购置费	按规定计算
	生产人员培训费	按规定计算
	应急保通设备购置费	
	工程保通管理费	按规定计算
	工程保险费	[(十二)-(四)]× 费率
	其他相关费用	—
(十五)	预备费	
	基本预备费	[(十二)+(十三)+(十四)]× 费率
	价差预备费	(十二)× 费率
(十六)	建设期贷款利息	按实际贷款额度及利率计算
(十七)	公路基本造价	(十二)+(十三)+(十四)+(十五)+(十六)

第三节 电 网 工 程

一、其他费用

其他费用是指为完成工程项目建设所必需的，但不属于建筑工程费、安装工程费、设备购置费的其他相关费用，包括建设场地征用及清理费、项目建设管理费、项目建设技术服务费、生产准备费、大件运输措施费。

(一)建设场地征用及清理费

建设场地征用及清理费是指为获得工程建设所必需的场地，并使之达到施工所需的正常条件和环境而发生的有关费用，包括土地征用费、施工场地租用费、迁移补偿费、余物清理费、输电线路走廊施工赔偿费、通信设施防输电线路干扰措施费。

1. 土地征用费。

土地征用费是指按照《中华人民共和国土地法》的规定，建设项目法人单位为取得工程建设用地使用权而支付的费用，包括土地补偿费、安置补助费、耕地开垦费、勘测定界费、征地管理费、证书费、手续费以及各种基金和税金等。

2. 施工场地租用费。

施工场地租用费是指为保证工程建设期间的正常施工，需临时占用或租用场地所发生的费用，包括占用补偿、场地租金、场地清理、复垦费和植被恢复等费用。

3. 迁移补偿费。

迁移补偿费是指为满足工程建设需要，对所征用土地范围内的机关、企业、住户及有关建（构）筑物、电力线、通信线、铁路、公路、沟渠、管道、坟墓、林木等进行迁移所发生的补偿费用。

4. 余物清理费。

余物清理费是指为满足工程建设需要，对所征用土地范围内遗留的建（构）筑物等有碍工程建设的设施进行清理所发生的各种费用，不包括拆除费用，拆除费用另计。

5. 输电线路走廊施工赔偿费。

输电线路走廊施工赔偿费是指按照输电线路建设规程、规范的要求，对线路走廊内非征用和租用土地上的建（构）筑物、林木、经济作物等需要进行清理，或因工程施工对其造成破坏而进行赔偿所发生的费用。

6. 通信设施防输电线路干扰措施费。

通信设施防输电线路干扰措施费是指拟建输电线路与现有通信线路交叉或平行时，为消除干扰影响，对通信线路进行迁移或加装保护设施所发生的费用。

（二）项目建设管理费

项目建设管理费是指建设项目经有关行政主管部门核准后，自项目法人筹建至竣工验收合格并移交生产的合理建设期内对工程进行组织、管理、协调、监督等工作所发生的费用，包括项目法人管理费、招标费、工程监理费、设备监造费、工程结算审核费、工程保险费。

1. 项目法人管理费。

项目法人管理费是指项目法人在项目管理工作中发生的机构开办费及日常管理性费用，其内容包括：

（1）项目管理机构开办费，包括相关手续的申办费，必要办公家具、生活家具、办公用具和交通工具的购置费用。

（2）项目管理工作经费，包括工作人员的基本工资、工资性补贴、辅助工资、职工福利费、劳动保护费、社会保险费、住房公积金，日常办公费用，差旅交通费，固定资产使用费、工具用具使用费，技术图书资料费，工程档案管理费，水电费，教育及工会经费，工程审计费、合同订立与公证费、法律顾问费、咨询费，会议费，业务接待费，消防治安费，采暖及防暑降温费，印花税、房产税、车船税、车辆保险费，施工及进站道路养护费，设备材料的催交、验货费，建设项目劳动安全验收评价费，工程竣工交付使用的清理费及验收费等。

2. 招标费。

招标费是指按招投标法及有关规定开展招标工作，自行组织或委托具有资格的机构编制审查技术规范书、最高投标限价、标底、工程量清单等招标文件的前置文件，以及委托招标代理机构进行招标所需要的费用。技术规范书、最高投标限价、标底、工程量清单的编制审查费用按照相关计费标准在本费用中支付。招标文件的编制审查费用及招标、评标过程发生的费用包括在招标代理服务费中，招标代理服务费按照相关计费标准在本费用中支付。

3. 工程监理费。

工程监理费是指依据国家有关规定和规程规范要求，项目法人委托工程监理机构对建设项目全过程实施监理所支付的费用。

4. 设备监造费。

设备监造费是指为保证工程建设所需设备的质量，按照国家行政主管部门颁布的设备监造（监制）

管理办法的要求,项目法人或委托具有相关资质的机构在主要设备的制造、生产期间对原材料质量以及生产、检验环节进行必要的见证、监督所发生的费用。

5. 工程结算审核费。

工程结算审核费是指根据工程合同和电力行业工程结算规定,为保证工程价款的及时拨付,项目法人单位组织工程造价专业人员或委托具有相关资质的工程造价咨询机构,依据工程建设资料,进行工程量计算、核定,编制工程结算文件,并组织各方对工程结算文件进行审核、确认所发生的费用。

6. 工程保险费。

工程保险费是指项目法人对项目建设过程中可能造成工程财产、安全等直接或间接损失的要素进行保险所支付的费用。

(三)项目建设技术服务费

项目建设技术服务费是指委托具有相关资质的机构或企业为工程建设提供技术服务和技术支持所发生的费用,包括项目前期工作费、知识产权转让与研究试验费、勘察设计费、设计文件评审费、项目后评价费、工程建设检测费、电力工程技术经济标准编制管理费。

1. 项目前期工作费。

项目前期工作费是指项目法人在项目前期阶段进行分析论证、可行性研究、规划选址或选线、方案设计、评审评价以取得国家行政主管部门核准所发生的费用,包括进行项目可行性研究设计、规划许可、土地预审、环境影响评价、劳动安全卫生预评价、地质灾害评价、地震灾害评价、水土保持大纲编审、矿产压覆评估、林业规划勘测、文物普探、节能评估、社会稳定风险评估等各项工作所发生的费用,分摊在本工程中的电力系统规划设计咨询费与文件评审费等,以及开展前期工作所发生的实际管理费用。

2. 知识产权转让与研究试验费。

知识产权转让费是指项目法人在本工程中使用专项研究成果、先进技术所支付的一次性转让费用,研究试验费是指为本建设项目提供或验证设计数据进行必要的研究试验所发生的费用,以及设计规定的施工过程中必须进行的研究试验所发生的费用,不包括以下费用:

(1)应该由科技三项费用(即新产品试制费、中间试验费和重要科学研究补助费)开支的项目;

(2)应该由管理费开支的鉴定、检查和试验费;

(3)应该由勘察设计费开支的项目。

3. 勘察设计费。

勘察设计费是指对工程建设项目进行勘察设计所发生的费用,包括项目的各项勘探、勘察费用,初步设计费、施工图设计费、竣工图文件编制费,施工图预算编制费,以及设计代表的现场技术服务费。按其内容分为勘察费和设计费。

(1)勘察费。

勘察费是指项目法人委托有资质的勘察机构按照勘察设计规范要求,对项目进行工程勘察作业以及编制相关勘察文件和岩土工程设计文件等所支付的费用。

(2)设计费。

设计费是指项目法人委托有资质的设计机构按照工程设计规范要求,编制建设项目初步设计文件、施工图设计文件、施工图预算、非标准设备设计文件、竣工图文件等,以及设计代表进行现场技术服务所支付的费用。

1)基本设计费。

基本设计费是指根据国家行政主管部门的有关规定,设计单位提供编制初步设计文件、施工图设计文件,并提供设计技术交底、解决施工中的设计技术问题、参加试运考核和竣工验收等服务所收取的费用。

2)其他设计费。

其他设计费是指根据工程设计实际需要,项目法人单位委托承担工程基本设计的设计单位或具有相关资质的咨询企业，提供基本设计以外的相关服务所发生的费用。包括总体设计、主体设计协调、采用标准设计和复用设计、非标准设备设计文件编制、施工图预算编制、竣工图文件编制等。

①施工图预算编制费。

施工图预算编制费是指项目法人单位依据电力行业相关规定，委托具有工程造价咨询资质的单位编制施工图预算（或工程量计算文件），并进行与施工图预算相关的现场咨询服务所发生的费用。

②竣工图文件编制费。

竣工图文件编制费是指工程竣工验收后，由设计单位或符合国家规定的其他机构在真实反映建设工程项目施工结果的基础上，编制竣工图文件所发生的费用。

4. 设计文件评审费。

设计文件评审费是指项目法人根据国家及行业有关规定，对工程项目的设计文件进行评审所发生的费用。包括可行性研究设计文件评审费、初步设计文件评审费、施工图文件审查费。

（1）可行性研究设计文件评审费。

可行性研究设计文件评审费是指项目法人委托有资质的评审机构，依据法律、法规和行业规定，从政策、规划、技术和经济等方面对工程项目的必要性和可行性进行全面评审并提出可行性评审报告所发生的费用。

（2）初步设计文件评审费。

初步设计文件评审费是指项目法人委托有资质的咨询机构依据法律、法规和行业标准，对初步设计方案的安全性、可靠性、先进性和经济性进行全面评审并提出评审报告所发生的费用。

（3）施工图文件审查费。

施工图文件审查费是指根据国家有关规定，由项目法人单位组织，依据国家规定标准和电力行业规程、规范，对施工图中有关结构安全、公众利益及国家或行业现行强制性规范条款的落实情况进行审查所发生的费用。

5. 项目后评价费。

项目后评价费是指根据国家行政主管部门的有关规定，项目法人为了对项目决策提供科学、可靠的依据，指导、改进项目管理，提高投资效益，同时为政府决策提供参考依据，完善相关政策，在建设项目竣工交付生产一段时间后，对项目立项决策、实施准备、建设实施和生产运营全过程的技术经济水平和产生的相关效益、效果、影响等进行系统性评价所支出的费用。

6. 工程建设检测费。

工程建设检测费是指根据国家行政主管部门及电力行业的有关规定，对工程质量、环境保护、水土保持设施、特种设备（消防、电梯、压力容器等）安装进行检验、检测所发生的费用，包括电力工程质量检测费、特种设备安全监测费、环境监测验收费、水土保持项目验收及补偿费、桩基检测费。

（1）电力工程质量检测费。

电力工程质量检测费是指根据电力行业有关规定，由国家行政主管部门授权的电力工程质量监督检测机构对工程建设质量进行检查、检验所发生的费用。

（2）特种设备安全监测费。

特种设备安全监测费是指根据《特种设备安全监察条例》（国务院令第373号）规定，委托特种设备检验检测机构对工程所安装的特种设备（包括消防、电梯、压力容器等）进行检验、检测所发生的费用。

（3）环境监测验收费。

环境监测验收费是指根据国家环境保护法律、法规，环境监测机构对工程建设阶段进行监督检测以及对工程环保设施进行验收所发生的费用。

（4）水土保持项目验收及补偿费。

水土保持项目验收费是指根据《中华人民共和国水土保持法》及其实施条例对电力工程水土保持设施项目进行检测、验收所发生的费用，水土保持补偿费是指根据《中华人民共和国水土保持法》及其实施条例对电力工程占用或损坏水土保持设施、破坏地貌植被、降低水土保持功能以及水土流失防治等给予补偿所发生的费用。

（5）桩基检测费。

桩基检测费是指项目法人根据工程需要，组织对特殊地质条件下使用的特殊桩基进行检测所发生的费用。

7. 电力工程技术经济标准编制管理费。

电力工程技术经济标准编制管理费是指根据国家行政主管部门授权编制、管理电力工程计价依据、标准和规范等所需要的费用。

（四）生产准备费

生产准备费是指为保证工程竣工验收合格后能够正常投产运行提供技术保证和资源配备所发生的费用，包括管理车辆购置费、工器具及办公家具购置费、生产职工培训及提前进场费。

1. 管理车辆购置费。

管理车辆购置费是指生产运行单位进行生产管理必须配备车辆的购置费用，费用内容包括车辆原价、购置税费、运杂费、车辆附加费。

2. 工器具及办公家具购置费。

工器具及办公家具购置费是指为满足电力工程投产初期生产、生活和管理需要，购置必要的家具、用具、标志牌、警示牌、标示桩等发生的费用。

3. 生产职工培训及提前进场费。

生产职工培训及提前进场费是指为保证电力工程正常投产运行，对生产和管理人员进行培训以及提前进场进行生产准备所发生的费用，其内容包括培训人员和提前进场人员的培训费、基本工资、工资性补贴、辅助工资、职工福利费、劳动保护费、社会保险费、住房公积金、差旅费、资料费、书报费、取暖费、教育经费和工会经费等。

（五）大件运输措施费

大件运输措施费是指超限的大型电力设备在运输过程中发生的路、桥加固，改造，以及障碍物迁移等措施费用。

二、基本预备费

基本预备费是指为因设计变更（含施工过程中工程量增减、设备改型、材料代用）增加的费用、一般自然灾害可能造成的损失和预防自然灾害所采取的临时措施费用，以及其他不确定因素可能造成的损失而预留的工程建设资金。

三、动态费用

动态费用是指对构成工程造价的各要素在建设预算编制基准期至竣工验收期间，因时间和市场价格变化而引起价格增长和资金成本增加所发生的费用，主要包括价差预备费和建设期贷款利息。

（一）价差预备费

价差预备费是指建设工程项目在建设期间由于价格等变化引起工程造价变化的预测预留费用。

（二）建设期贷款利息

建设期贷款利息是指项目法人筹措债务资金时，在建设期内发生并按照规定允许在投产后计入固定资产原值的利息。

四、其他费用及基本预备费计算规定

（一）其他费用

其他费用包括建设场地征用及清理费、项目建设管理费、项目建设技术服务费、生产准备费、大件运输措施费。计算公式见公式（5–5）：

$$其他费用 = 建设场地征用及清理费 + 项目建设管理费 + 项目建设技术服务费 + 生产准备费 + 大件运输措施费 \quad (5\text{–}5)$$

1. 建设场地征用及清理费。

建设场地征用及清理费包括土地征用费、施工场地租用费、迁移补偿费、余物清理费、输电线路走廊施工赔偿费、通信设施防输电线路干扰措施费。计算公式见公式（5–6）：

$$建设场地征用及清理费 = 土地征用费 + 施工场地租用费 + 迁移补偿费 + 余物清理费 + 输电线路走廊施工赔偿费 + 通信设施防输电线路干扰措施费 \quad (5\text{–}6)$$

（1）土地征用费。

计算规定：根据有关法律、法规、国家行政主管部门以及省（自治区、直辖市）人民政府规定计算。

（2）施工场地租用费。

计算规定：根据有关法律、法规、国家行政主管部门和工程所在地人民政府规定，按照项目法人与土地所有者签订的租用合同计算。

（3）迁移补偿费。

计算规定：根据工程所在地人民政府规定计算。

（4）余物清理费。

计算公式见公式（5–7）：

$$余物清理费 = 取费基数 \times 费率 \quad (5\text{–}7)$$

余物清理费费率见表 5–16。

表 5–16 余物清理费费率 单位：%

工程类别		取费基数	费率
一般砖木结构及临时简易建筑		拆除工程直接工程费	10
混合结构		拆除工程直接工程费	15
混凝土及钢筋混凝土结构	有条件爆破的	拆除工程直接工程费	20
	无条件爆破的	拆除工程直接工程费	30

注：包括运距在 5km 及以内运输及装卸费。

（5）输电线路走廊施工赔偿费。

计算规定：根据工程所在地人民政府规定计算。

（6）通信设施防输电线路干扰措施费。

计算规定：根据设计方案以及项目法人与通信部门签订的合同或达成的补偿协议计算。

2. 项目建设管理费。

项目建设管理费包括项目法人管理费、招标费、工程监理费、设备监造费、工程结算审核费、工程保险费。计算公式见公式（5–8）：

$$项目建设管理费 = 项目法人管理费 + 招标费 + 工程监理费 + 设备监造费 + 工程结算审核费 + 工程保险费 \quad (5\text{–}8)$$

（1）项目法人管理费。

计算公式见公式（5–9）：

$$项目法人管理费 = 取费基数 \times 费率 \quad (5\text{–}9)$$

项目法人管理费费率见表 5–17。

表 5-17 项目法人管理费费率 单位:%

工程类别	取费基数	电压等级				
		200kV 及以下	330kV	500kV	750kV	1 000kV
变电	建筑工程费+安装工程费	3.73	3.24	2.86	2.56	2.24
架空线路	建筑工程费+安装工程费	1.17		1.06		0.95
电缆线路	建筑工程费+安装工程费	3.35				
系统通信	建筑工程费+安装工程费+设备购置费	1.43				

(2)招标费。

计算公式见公式(5-10):

$$招标费 = 取费基数 \times 费率 \tag{5-10}$$

招标费费率见表 5-18。

表 5-18 招标费费率 单位:%

工程类别	取费基数	电压等级		
		220kV 及以下	500kV 及以下	750kV 及以上
变电	建筑工程费+安装工程费	3.05	2.33	2.07
架空线路	安装工程费	0.37	0.28	0.21
电缆线路	建筑工程费+安装工程费	1.65		
系统通信	建筑工程费+安装工程费+设备购置费	0.45		

注:对于输电线路工程,当线路长度超过 500km 时,超过部分每增加 100km 费率乘以系数 0.92。

(3)工程监理费。

计算公式见公式(5-11):

$$变电站(开关站)、串补站、换流站、电缆线路、系统通信工程监理费 = 取费基数 \times 费率 \tag{5-11}$$

变电站、串补站、换流站、电缆线路、系统通信工程监理费费率见表 5-19。

表 5-19 变电站、串补站、换流站、电缆线路、系统通信工程监理费费率 单位:%

工程类别	取费基数	电压等级								
		35kV	110kV	220kV	330kV	500kV	750kV	1 000kV	±500kV	±800kV
变电、串补、换流站	建筑工程费+安装工程费	6.45	5.34	4.46	4.1	3.86	3.58	3.02	3.62	2.84
电缆线路	建筑工程费+安装工程费	3.1								
系统通信	建筑工程费+安装工程费+设备购置费	1.54								

注:35kV 及以上箱式变电站按每站 1.5 万~3.5 万元计列。

架空线路工程监理费根据线路长度按照表 5-20 的规定计算。

表 5-20 架空线路工程监理费费率 单位：%

工程类别	电压等级								
	35kV	110kV	220kV	330kV	500kV	750kV	1 000kV	± 500kV	± 800kV
单回路	0.68	0.78	1.32	1.66	1.98	2.58	3.07	1.9	2.45
同杆（塔）双回	0.82	0.99	1.65	2.06	2.62	3.39	4.05	—	—

注：1. 线路长度不足 5km 的按 5km 计算。

2. 费用按平地、丘陵地形考虑。河网泥沼、沙漠、一般山地乘以系数 1.1，高山乘以系数 1.2，峻岭乘以系数 1.3。

3. 大跨越工程按安装工程费的 2.55% 计算。

4. 穿越城区的电网工程，可根据施工难度乘以系数 1.1 ~ 1.2。

5. 高海拔地区、酷热地区乘以系数 1.1 ~ 1.3。

6. 当线路长度超过 500km 时，超过部分每增加 100km，费率乘以系数 0.92。

（4）设备监造费。

设备监造范围包括变压器、电抗器、断路器、隔离（接地）开关、组合电器、串联补偿装置、换流阀、阀组避雷器等主要设备。如果扩大范围对其他设备进行监造、监制时，本项费用不调整。

计算公式见公式（5-12）：

$$设备监造费 = 取费基数 \times 费率 \quad (5-12)$$

设备监造费费率见表 5-21。

表 5-21 设备监造费费率 单位：%

工程类别	取费基数	电压等级		
		220kV 及以下	500kV 及以下	750kV 及以上
变电	设备购置费	0.87	0.70	0.46

注：成套进口设备不计入取费基数。

（5）工程结算审核费。

计算公式见公式（5-13）：

$$工程结算审核费 = 取费基数 \times 费率 \quad (5-13)$$

工程结算审核费费率见表 5-22。

表 5-22 工程结算审核费费率 单位：%

工程类别	取费基数	电压等级		
		220kV 及以下	500kV 及以下	750kV 及以上
输变电	建筑工程费 + 安装工程费	0.35	0.30	0.24

注：输电线路工程，当线路长度超过 500km 时，超过部分每增加 100km. 费率乘以系数 0.92。

（6）工程保险费。

计算规定：根据项目法人要求及工程实际情况，按照保险范围和费率计算。

3. 项目建设技术服务费。

项目建设技术服务费包括项目前期工作费、知识产权转让与研究试验费、勘察设计费、设计文件评审费、项目后评价费、工程建设检测费、电力工程技术经济标准编制管理费。

计算公式见公式（5-14）：

项目建设技术服务费 = 项目前期工作费 + 知识产权转让与研究试验费 + 勘察设计费 + 设计文件评审费 + 项目后评价费 + 工程建设检测费 + 电力工程技术经济标准编制管理费 （5-14）

（1）项目前期工作费。

初步设计阶段根据项目法人与有关单位签订的各项协议费用计列，可行性研究阶段按以下计算公式（5-15）计算：

项目前期工作费 = 取费基数 × 费率 （5-15）

项目前期工作费费率见表 5-23。

表 5-23 项目前期工作费费率

工程类别	变电	架空线路长度（km）		电缆线路	系统道信
		100 及以下	100 以上		
取费基数	建筑工程费 + 安装工程费				建筑工程费 + 安装工程费 + 设备购置费
费率（%）	2.52	3.07	2.85	0.94	0.52

注：系统通信工程项目前期工作费的计算公式用于独立立项的系统通信工程。随变电站、输电线路工程同时立项和建设的系统通信工程执行变电站、输电线路工程的计算公式。

（2）知识产权转让与研究试验费。

计算规定：根据项目法人提出的项目和费用计列。

（3）勘察设计费。

计算公式见公式（5-16）：

勘察设计费 = 勘察费 + 设计费 （5-16）

1）勘察费的计算规定：根据国家行政主管部门颁发的工程勘察设计收费规定计算，其中应包括勘察作业基准收费和勘察作业准备费。

注：输变电工程采用航拍数字技术时，相关费用按国家或行业相关规定在勘察费项目下单独计列。

2）设计费的计算公式见公式（5-17）：

设计费 = 基本设计费 + 其他设计费 （5-17）

①基本设计费的计算规定：

根据国家行政主管部门颁发的工程勘察设计收费规定计算。

②其他设计费的计算规定：

根据国家行政主管部门颁发的工程勘察设计收费规定计算。具体项目应按照项目法人单位确定的范围计算。

（4）设计文件评审费。

设计文件评审费由可行性研究设计文件评审费、初步设计文件评审费和施工图文件审查费组成。

计算公式见公式（5-18）：

设计文件评审费 = 可行性研究设计文件评审费 + 初步设计文件评审费 + 施工图文件审查费 （5-18）

1）可行性研究设计文件评审费的计算规定：

①变电站、换流站、架空线路工程可行性研究设计文件评审费的计算规定见表 5-24 ~ 表 5-26，其中已经包括了同期建设的系统通信工程评审。

②电缆线路工程、单独通信工程可行性研究设计文件评审费的计算公式见公式（5-19）：

可行性研究设计文件评审费 =（勘察费 + 基本设计费）× 1.32% （5-19）

2）初步设计文件评审费的计算规定：

①变电站、换流站、架空线路工程初步设计文件评审费的计算规定见表 5-24 ~ 表 5-26，其中已经包括了同期建设的系统通信工程评审。

②电缆线路工程、单独通信工程初步设计文件评审费的计算公式见公式（5-20）：

$$\text{初步设计文件评审费} = (\text{勘察费} + \text{基本设计费}) \times 2.33\% \quad (5\text{-}20)$$

表 5-24 变电站工程评审费费用规定 单位：万元

项目名称		规模	费用规定	
			可行性研究	初步设计
35kV	新建工程	1 组	1.4	2
	扩建主变压器工程	1 组	0.7	1
	扩建间隔工程	—	0.35	0.5
110kV	新建工程	1 组	4.5	6
	扩建主变压器工程	1 组	1.4	2
	扩建间隔工程	—	0.6	0.8
220kV	新建工程	1 组	5.6	8
	扩建主变压器工程	1 组	2	3.5
	扩建间隔工程	—	0.7	1.2
330kV	新建工程	2 组	16	23
	扩建主变压器工程	1 组	5	7
	扩建间隔工程	—	2	3
500kV	新建工程	2 组	24	34
	扩建主变压器工程	1 组	8	12
	扩建间隔工程	—	3	4
750kV	新建工程	2 组	32	45
	扩建主变压器工程	1 组	14	20
	扩建间隔工程	—	7	10
1 000kV	新建工程	2 组	60	82
	扩建主变压器工程	1 组	22	30
	扩建间隔工程	—	11	15

注：1. 330/500kV 新建工程按本期建设两组主变压器考虑，220kV 及以下按新建一组主变压器考虑。每增减一组主变压器按照 20% 调整。

2. 扩建主变压器均按一组考虑，每增加一组主变压器费用增加 20%。

3. 扩建主变压器工程综合考虑了扩建出线。

4. 串联补偿站按新建工程的 70% 计算。

表 5-25 直流交流站工程评审费费用规定 单位:万元

规模		费用规定	
		可行性研究评审	初步设计评审
双极线	±500kV	36	60
	±800kV	120	195

表 5-26 架空线路工程评审费费用规定

电压等级(kV)	规模范围(km)	费用规定(万元)	
		可行性研究评审	初步设计评审
35	100 以内	0.11	0.15
110	100 以内	0.17	0.24
220	100 以内	0.22	0.33
330	100 以内	0.24	0.36
	100~300	0.13	0.20
	300 以上	0.10	0.13
500	100 以内	0.36	0.49
	100~300	0.21	0.31
	300 以上	0.15	0.22
750	100 以内	0.60	0.85
	100~300	0.39	0.63
	300 以上	0.29	0.40
1 000	100 以内	0.90	1.10
	100~300	0.67	0.98
	300 以上	0.43	0.62
±500	100 以内	0.32	0.45
	100~300	0.18	0.28
	300 以上	0.13	0.20
±800	100 以内	0.66	0.87
	100~300	0.35	0.52
	300 以上	0.24	0.42

注:1. 同塔双回线路工程(段)乘以系数 1.8。
2. 覆冰 20mm 及以上线路工程(段)乘以系数 1.3。
3. 设计风速超过 35m/s 时,乘以系数 1.1。
4. 500kV 采用 630mm^2 及以上大截面导线时乘以系数 1.2。
5. 线路长度不足 10km 时,乘以系数 2.0,大跨越工程除外。
6. 当线路长度超过 500km 时,超过部分每增加 100km,乘以系数 0.92。
7. 线路规模范围超过 100km,评审费按差额定率累进法计算。
8. 单项工程线路长度按本期相同电压等级总长度计算。
9. 大跨越工程按基本设计费的 4.8% 计算。

3）施工图文件审查费的计算公式见公式（5–21）：

施工图文件审查费 = 基本设计费 ×2.5%　（5–21）

（5）项目后评价费。

本项目费用应根据项目法人提出的要求确定是否计列。

计算公式见公式（5–22）：

项目后评价费 = 取费基数 × 费率　（5–22）

项目后评价费费率见表 5–27。

表 5–27　项目后评价费费率　单位：%

工程类别	取费基数	电压等级		
		220kV 及以下	500kV 及以下	750kV 及以上
输变电	建筑工程费 + 安装工程费	0.50	0.35	0.22

注：输电线路工程，当线路长度超过 500km 时，超过部分每增加 100km，费率乘以系数 0.92。

（6）工程建设检测费。

计算公式见公式（5–23）：

工程建设检测费 = 电力工程质量检测费 + 特种设备安全监测费 + 环境监测验收费 + 水土保持项目验收及补偿费 + 桩基检测费　（5–23）

1）电力工程质量检测费的计算公式见公式（5–24）：

电力工程质量检测费 = 取费基数 × 费率　（5–24）

电力工程质量检测费费率见表 5–28。

表 5–28　电力工程质量检测费费率　单位：%

工程类别	变电	架空线路	电缆线路	系统通信
取费基数	建筑工程费 + 安装工程费			
费率	0.30	0.23	0.35	0.18

2）特种设备安全监测费的计算规定见表 5–29。

表 5–29　特种设备安全监测费费用规定　单位：万元 / 站

工程类别	电压等级				
	330kV 及以下	750kV 及以下	1 000kV	± 500kV	± 800kV
变电、换流	1	2	5	3	6.5

注：输电线路工程不计。

3）环境监测验收费的计算规定：根据工程所在省、自治区、直辖市行政主管部门的规定计算。

4）水土保持项目验收及补偿费的计算规定：根据工程所在省、自治区、直辖市行政主管部门的规定计算。

5）桩基检测费的计算规定：由项目法人根据工程实际情况审核确定。

（7）电力工程技术经济标准编制管理费。

计算公式见公式（5–25）：

电力工程技术经济标准编制管理费 =（建筑工程费 + 安装工程费）× 0.1%　（5–25）

4. 生产准备费。

生产准备费包括管理车辆购置费、工器具及办公家具购置费、生产职工培训及提前进场费。

计算公式见公式（5–26）：

生产准备费 = 管理车辆购置费 + 工器具及办公家具购置费 + 生产职工培训及提前进场费　（5–26）

（1）管理车辆购置费。

计算公式见公式（5–27）：

管理车辆购置费 = 取费基数 × 费率　（5–27）

管理车辆购置费费率见表 5–30。

表 5–30　管理车辆购置费费率　　单位：%

工程类别	取费基数	电压等级					
		110kV 及以下	220kV	330kV	500kV	750kV	1 000kV
变电	设备购置费	0.45	0.37	0.30	0.22	0.16	0.11
架空线路	安装工程费	0.25		0.20			0.14
电缆线路	设备购置费	0.75					
系统通信	安装工程费 + 设备购置费	0.32					

注：如果管理车辆由项目法人单位统一配置，并且不在工程项目中分摊相关费用时，本项目费用不计。

（2）工器具及办公家具购置费。

计算公式见公式（5–28）：

工器具及办公家具购置费 = 取费基数 × 费率　（5–28）

工器具及办公家具购置费费率见表 5–31。

表 5–31　工器具及办公家具购置费费率　　单位：%

工程类别		取费基数	电压等级					
			110kV 及以下	220kV	330kV	500kV	750kV	1 000kV
变电	新建	建筑工程费 + 安装工程费	1.35	1.20	1.18	1.05	0.85	0.78
	扩建		1.14	1.02	1.01	0.89	0.72	0.65
架空线路			0.21		0.15		0.11	0.07
电缆线路			1.07					
系统通信		安装工程费 + 设备购置费	0.40					

注：无人值守变电站费率乘以系数 0.8，独立通信站用系统通信费率乘以系数 0.8。

（3）生产职工培训及提前进场费。

计算公式见公式（5–29）：

生产职工培训及提前进场费 = 取费基数 × 费率　（5–29）

生产职工培训及提前进场费费率见表 5–32。

5. 大件运输措施费。

计算规定：根据实际运输条件及运输方案计算。

表 5-32　生产职工培训及提前进场费费率　　单位：%

工程类别	取费基数	电压等级					
		110kV 及以下	220kV	330kV	500kV	750kV	1 000kV
变电	设备购置费 + 安装工程费	0.70	0.60	0.50	0.43	0.37	0.31
架空线路		0.10		0.08		0.06	0.04

注：无人值守变电站、变电站扩建、系统通信工程用变电费率乘以系数 0.5，电缆线路用架空线路费率乘以系数 0.5。

（二）基本预备费

计算公式见公式（5-30）：

基本预备费 =（建筑工程费 + 安装工程费 + 设备购置费 + 其他费用）× 费率　（5-30）

基本预备费费率见表 5-33。

表 5-33　基本预备费费率　　单位：%

设计阶段	变电站、换流站费率		线路工程费率
	220kV 及以下	330kV 及以上	
可行性研究估算	4.0	3.0	2.0
初步设计概算	2.5	2.0	
施工图预算	1.0	1.0	

五、动态费用计算规定

动态费用包括价差预备费和建设期贷款利息。

计算公式见公式（5-31）：

动态费用 = 价差预备费 + 建设期贷款利息　（5-31）

（一）价差预备费

计算公式见公式（5-32）：

$$C=\sum_{i=1}^{n_2} F_i\left[(1+e)^{n_1+i-1}-1\right] \quad (5\text{-}32)$$

式中：C——价差预备费；

i——从开工年开始的第 i 年；

n_2——工程建设周期（年）；

F_i——第 i 年投入的工程建设资金；

e——年度造价上涨指数；

n_1——建设预算编制水平年至工程开工年时间间隔（年）。

注：年度造价上涨指数依据国务院综合管理部门及电力行业主管部门颁布的有关规定执行。

（二）建设期贷款利息

计算公式见公式（5-33）：

建设期贷款利息 =（年初借款本息累计 + 本年贷款 /2）× 年利率　（5-33）

注：1. 以工程年度资金使用计划扣除资本金为依据确定各年贷款额。

2. 年利率为编制期贷款实际利率。

第六章　工程设计概算编制规定

设计概算是初步设计文件的重要组成部分。设计概算文件必须完整反映工程项目初步设计内容，严格执行国家有关的方针、政策和制度，实事求是地根据工程所在地的建设条件（包括自然条件、施工条件等影响遗价的各种因素），按有关依据性资料进行编制。

第一节　概算的编制依据

设计概算应以下列有关文件、资料为依据进行编制：

1. 国家和地方有关建设和造价管理的法律、法规和方针政策；

2. 批准的建设项目的设计任务书（或批准的可行性研究报告）和主管部门的有关规定；

3. 初步设计项目一览表；

4. 能满足编制设计概算的各专业经过校审并签字的设计图纸（或内部作业草图）、文字说明和主要设备表；

5. 本省建设工程概算定额、概算费用标准、市杨材料及构配件价格以及国家和地方有关费用规定的文件等资料；

6. 有关设备原价及运杂费率；

7. 现行的有关其他费用定额、指标和价格；

8. 建设场地的自然条件和施工条件；

9. 建设单位提供的有关工程造价的其他资料；

10. 有关合同、协议。

第二节　概算文件组成

一、建设项目总概算书

1. 建设项目总概算书由建设项目内各个单项工程的概算和工程建设其他费用计算表汇总编制而成。

2. 建设项目总概算文件应包括编制说明、概算表（见表式）、工程建设其他费用计算表。独立装订成册的总概算文件宜加封面、签署页（扉页）和目录。

3. 总概算表的项目应按费用划分为以下 6 个部分：

（1）工程费用（建筑安装工程和设备购置费用）。

1）主要工程项目；

2）辅助和服务性的工程项目；

3）室外工程项目（红线以内），包括土石方、道路、围墙、挡土墙、排水沟等各种构筑物、给排水管道、动力管网、供电线路庭园绿化等工程；

4）场外工程项目（红线以外），包括道路、铁路专用线、桥涵、给排水、供热、供电、通信等工程（与主要工程项目一并立项报建的才列入）。

（2）工程建设其他费用。

（3）预备费用：包括基本预备费和涨价预备费。

（4）固定资产投资方向调节税。

（5）建设期贷款利息。

（6）铺底流动资金（生产或经营性建设项目才列入）。

二、概算编制说明内容

1. 工程概况：包括建设项目设计资料的依据及有关文号、建设规模、工程范围，并明确工程总概算中所包括和不包括的工程项目费用。由几个单位共同设计和编制概算的，应说明分工编制情况。

2. 编制依据：批准的可行性研究报告及其他有关文件，具体说明概算编制所依据的设计图纸及有关文件采用的定额、人工、主要材料和机械费用的依据或来源，各项费用取定的依据及编制方法。

3. 钢材、木材、水泥商品混凝土等总用量，各项工程主要工程数量。

4. 总概算金额及各项费用的构成。

5. 资金筹措及分年度使用计划，如使用外汇，应说明使用外汇的种类、折算汇率及外汇的使用条件。

6. 其他与概算有关但不能在表格中反映事项的必要说明。

封面、签署页（扉页）和目录：

封面应有建设项目名称、编制单位、编制日期及第几册共几册等内容，扉页应有项目名称，编制单位，单位资质证书号，单位主管，审定、审核、专业负责人和主要编制人的署名及证章。

三、概算表格式

概算应按统一的概算表格计算，表格样式详见《浙江省建设工程计价规则》（2018 版）10 标准（示范）格式。

附　录

文 件 汇 编

政府投资条例

中华人民共和国国务院令第 712 号

第一章　总　　则

第一条　为了充分发挥政府投资作用，提高政府投资效益，规范政府投资行为，激发社会投资活力，制定本条例。

第二条　本条例所称政府投资，是指在中国境内使用预算安排的资金进行固定资产投资建设活动，包括新建、扩建、改建、技术改造等。

第三条　政府投资资金应当投向市场不能有效配置资源的社会公益服务、公共基础设施、农业农村、生态环境保护、重大科技进步、社会管理、国家安全等公共领域的项目，以非经营性项目为主。

国家完善有关政策措施，发挥政府投资资金的引导和带动作用，鼓励社会资金投向前款规定的领域。

国家建立政府投资范围定期评估调整机制，不断优化政府投资方向和结构。

第四条　政府投资应当遵循科学决策、规范管理、注重绩效、公开透明的原则。

第五条　政府投资应当与经济社会发展水平和财政收支状况相适应。

国家加强对政府投资资金的预算约束。政府及其有关部门不得违法违规举借债务筹措政府投资资金。

第六条　政府投资资金按项目安排，以直接投资方式为主；对确需支持的经营性项目，主要采取资本金注入方式，也可以适当采取投资补助、贷款贴息等方式。

安排政府投资资金，应当符合推进中央与地方财政事权和支出责任划分改革的有关要求，并平等对待各类投资主体，不得设置歧视性条件。

国家通过建立项目库等方式，加强对使用政府投资资金项目的储备。

第七条　国务院投资主管部门依照本条例和国务院的规定，履行政府投资综合管理职责。国务院其他有关部门依照本条例和国务院规定的职责分工，履行相应的政府投资管理职责。

县级以上地方人民政府投资主管部门和其他有关部门依照本条例和本级人民政府规定的职责分工，履行相应的政府投资管理职责。

第二章　政府投资决策

第八条　县级以上人民政府应当根据国民经济和社会发展规划、中期财政规划和国家宏观调控政策，结合财政收支状况，统筹安排使用政府投资资金的项目，规范使用各类政府投资资金。

第九条　政府采取直接投资方式、资本金注入方式投资的项目（以下统称政府投资项目），项目单位应当编制项目建议书、可行性研究报告、初步设计，按照政府投资管理权限和规定的程序，报投资主管部门或者其他有关部门审批。

项目单位应当加强政府投资项目的前期工作，保证前期工作的深度达到规定的要求，并对项目建议书、可行性研究报告、初步设计以及依法应当附具的其他文件的真实性负责。

第十条　除涉及国家秘密的项目外，投资主管部门和其他有关部门应当通过投资项目在线审批监管平台（以下简称在线平台），使用在线平台生成的项目代码办理政府投资项目审批手续。

投资主管部门和其他有关部门应当通过在线平台列明与政府投资有关的规划、产业政策等，公开政府投资项目审批的办理流程、办理时限等，并为项目单位提供相关咨询服务。

第十一条　投资主管部门或者其他有关部门应当根据国民经济和社会发展规划、相关领域专项规

划、产业政策等,从下列方面对政府投资项目进行审查,作出是否批准的决定:

(一)项目建议书提出的项目建设的必要性;

(二)可行性研究报告分析的项目的技术经济可行性、社会效益以及项目资金等主要建设条件的落实情况;

(三)初步设计及其提出的投资概算是否符合可行性研究报告批复以及国家有关标准和规范的要求;

(四)依照法律、行政法规和国家有关规定应当审查的其他事项。

投资主管部门或者其他有关部门对政府投资项目不予批准的,应当书面通知项目单位并说明理由。

对经济社会发展、社会公众利益有重大影响或者投资规模较大的政府投资项目,投资主管部门或者其他有关部门应当在中介服务机构评估、公众参与、专家评议、风险评估的基础上作出是否批准的决定。

第十二条 经投资主管部门或者其他有关部门核定的投资概算是控制政府投资项目总投资的依据。

初步设计提出的投资概算超过经批准的可行性研究报告提出的投资估算10%的,项目单位应当向投资主管部门或者其他有关部门报告,投资主管部门或者其他有关部门可以要求项目单位重新报送可行性研究报告。

第十三条 对下列政府投资项目,可以按照国家有关规定简化需要报批的文件和审批程序:

(一)相关规划中已经明确的项目;

(二)部分扩建、改建项目;

(三)建设内容单一、投资规模较小、技术方案简单的项目;

(四)为应对自然灾害、事故灾难、公共卫生事件、社会安全事件等突发事件需要紧急建设的项目。

前款第三项所列项目的具体范围,由国务院投资主管部门会同国务院其他有关部门规定。

第十四条 采取投资补助、贷款贴息等方式安排政府投资资金的,项目单位应当按照国家有关规定办理手续。

第三章 政府投资年度计划

第十五条 国务院投资主管部门对其负责安排的政府投资编制政府投资年度计划,国务院其他有关部门对其负责安排的本行业、本领域的政府投资编制政府投资年度计划。

县级以上地方人民政府有关部门按照本级人民政府的规定,编制政府投资年度计划。

第十六条 政府投资年度计划应当明确项目名称、建设内容及规模、建设工期、项目总投资、年度投资额及资金来源等事项。

第十七条 列入政府投资年度计划的项目应当符合下列条件:

(一)采取直接投资方式、资本金注入方式的,可行性研究报告已经批准或者投资概算已经核定;

(二)采取投资补助、贷款贴息等方式的,已经按照国家有关规定办理手续;

(三)县级以上人民政府有关部门规定的其他条件。

第十八条 政府投资年度计划应当和本级预算相衔接。

第十九条 财政部门应当根据经批准的预算,按照法律、行政法规和国库管理的有关规定,及时、足额办理政府投资资金拨付。

第四章 政府投资项目实施

第二十条 政府投资项目开工建设,应当符合本条例和有关法律、行政法规规定的建设条件;不符合规定的建设条件的,不得开工建设。

国务院规定应当审批开工报告的重大政府投资项目,按照规定办理开工报告审批手续后方可开工建设。

第二十一条　政府投资项目应当按照投资主管部门或者其他有关部门批准的建设地点、建设规模和建设内容实施；拟变更建设地点或者拟对建设规模、建设内容等作较大变更的，应当按照规定的程序报原审批部门审批。

第二十二条　政府投资项目所需资金应当按照国家有关规定确保落实到位。

政府投资项目不得由施工单位垫资建设。

第二十三条　政府投资项目建设投资原则上不得超过经核定的投资概算。

因国家政策调整、价格上涨、地质条件发生重大变化等原因确需增加投资概算的，项目单位应当提出调整方案及资金来源，按照规定的程序报原初步设计审批部门或者投资概算核定部门核定；涉及预算调整或者调剂的，依照有关预算的法律、行政法规和国家有关规定办理。

第二十四条　政府投资项目应当按照国家有关规定合理确定并严格执行建设工期，任何单位和个人不得非法干预。

第二十五条　政府投资项目建成后，应当按照国家有关规定进行竣工验收，并在竣工验收合格后及时办理竣工财务决算。

政府投资项目结余的财政资金，应当按照国家有关规定缴回国库。

第二十六条　投资主管部门或者其他有关部门应当按照国家有关规定选择有代表性的已建成政府投资项目，委托中介服务机构对所选项目进行后评价。后评价应当根据项目建成后的实际效果，对项目审批和实施进行全面评价并提出明确意见。

第五章　监 督 管 理

第二十七条　投资主管部门和依法对政府投资项目负有监督管理职责的其他部门应当采取在线监测、现场核查等方式，加强对政府投资项目实施情况的监督检查。

项目单位应当通过在线平台如实报送政府投资项目开工建设、建设进度、竣工的基本信息。

第二十八条　投资主管部门和依法对政府投资项目负有监督管理职责的其他部门应当建立政府投资项目信息共享机制，通过在线平台实现信息共享。

第二十九条　项目单位应当按照国家有关规定加强政府投资项目档案管理，将项目审批和实施过程中的有关文件、资料存档备查。

第三十条　政府投资年度计划、政府投资项目审批和实施以及监督检查的信息应当依法公开。

第三十一条　政府投资项目的绩效管理、建设工程质量管理、安全生产管理等事项，依照有关法律、行政法规和国家有关规定执行。

第六章　法 律 责 任

第三十二条　有下列情形之一的，责令改正，对负有责任的领导人员和直接责任人员依法给予处分：

（一）超越审批权限审批政府投资项目；

（二）对不符合规定的政府投资项目予以批准；

（三）未按照规定核定或者调整政府投资项目的投资概算；

（四）为不符合规定的项目安排投资补助、贷款贴息等政府投资资金；

（五）履行政府投资管理职责中其他玩忽职守、滥用职权、徇私舞弊的情形。

第三十三条　有下列情形之一的，依照有关预算的法律、行政法规和国家有关规定追究法律责任：

（一）政府及其有关部门违法违规举借债务筹措政府投资资金；

（二）未按照规定及时、足额办理政府投资资金拨付；

（三）转移、侵占、挪用政府投资资金。

第三十四条　项目单位有下列情形之一的，责令改正，根据具体情况，暂停、停止拨付资金或者收回已拨付的资金，暂停或者停止建设活动，对负有责任的领导人员和直接责任人员依法给予处分：

（一）未经批准或者不符合规定的建设条件开工建设政府投资项目；

（二）弄虚作假骗取政府投资项目审批或者投资补助、贷款贴息等政府投资资金；

(三)未经批准变更政府投资项目的建设地点或者对建设规模、建设内容等作较大变更;

(四)擅自增加投资概算;

(五)要求施工单位对政府投资项目垫资建设;

(六)无正当理由不实施或者不按照建设工期实施已批准的政府投资项目。

第三十五条 项目单位未按照规定将政府投资项目审批和实施过程中的有关文件、资料存档备查,或者转移、隐匿、篡改、毁弃项目有关文件、资料的,责令改正,对负有责任的领导人员和直接责任人员依法给予处分。

第三十六条 违反本条例规定,构成犯罪的,依法追究刑事责任。

第七章 附 则

第三十七条 国防科技工业领域政府投资的管理办法,由国务院国防科技工业管理部门根据本条例规定的原则另行制定。

第三十八条 中国人民解放军和中国人民武装警察部队的固定资产投资管理,按照中央军事委员会的规定执行。

第三十九条 本条例自2019年7月1日起施行。

浙江省政府投资项目管理办法

2005年1月19日浙江省人民政府令第185号发布　根据2018年1月22日
浙江省人民政府令第363号公布的《浙江省人民政府关于修改
〈浙江省政府投资项目管理办法〉等4件规章的决定》修正

第一章　总　　则

第一条　为规范政府投资项目管理，健全科学、民主的政府投资项目决策和实施程序，优化投资结构，提高投资效益，加强政府投资事中事后监管，根据有关法律、法规，结合本省实际，制定本办法。

第二条　本办法所称的政府投资项目，是指县级以上人民政府利用一般公共预算、政府性基金预算、国有资本经营预算中安排资金所进行的固定资产投资项目。

第三条　政府投资分为直接投资、资本金注入和投资补助、转贷、贷款贴息等方式，本办法只适用于直接投资、资本金注入方式的政府投资项目，采用投资补助、转贷、贷款贴息的政府投资项目，另行制定管理办法。

第四条　县级以上人民政府发展和改革行政主管部门为政府投资项目的综合管理部门（以下简称投资综合管理部门），负责政府投资项目规划和计划的编制、组织实施、协调监督等综合管理工作。

财政部门负责政府投资项目资金财务活动的监督管理。

审计部门依法独立履行政府投资项目预算执行情况和竣工财务决算审计监督职责。

经济和信息化、教育、国土资源、环境保护、建设、交通运输、水利、农业、卫生计生、国有资产监督管理、海洋与渔业、人防等有关主管部门，按照各自职责对政府投资项目进行管理和监督。

行政机关在政府投资项目管理活动中，应当保障其他出资人的合法权益。

第五条　政府投资项目主要包括：

（一）农业、水利、能源、交通、城乡公用设施、人防工程等基础性项目；

（二）教育、文化、卫生、体育、社会保障，生态建设、环境保护、资源节约等公益性项目；

（三）促进加快发展地区发展的重要项目；

（四）科技进步、高新技术、现代服务业等国家和省重点扶持的产业发展项目；

（五）政府公共服务设施项目；

（六）电子政务和信息化类项目。

前款所列项目采用政府和社会资本合作模式的，按照政府投资项目管理。

第六条　政府投资应当符合国民经济和社会发展规划，有利于履行政府职能，有利于资源优化配置和产业结构调整转型升级，有利于城乡统筹与经济社会的全面、协调、可持续发展。

第七条　政府投资项目应当按照基本建设程序和国家投资管理的规定，做好前期工作；项目前期工作成熟后纳入年度政府投资项目计划。

第八条　政府投资项目的土地面积需求、项目选址和设计，应当符合土地利用总体规划和城市总体规划，体现土地资源的合理配置、节约集约利用，符合生态环境保护和改善的要求。

第九条　政府投资项目计划应当纳入国民经济和社会发展计划，执行情况接受同级人民代表大会及其常务委员会的监督。

第十条　任何单位和个人都有权举报政府投资项目审批和建设中的违规、违法行为。对举报有功人员，应当给予奖励。

第二章　投资项目管理

第十一条　政府投资项目实行项目储备制度。

根据国民经济和社会发展中长期规划、区域规划、专项规划和发展建设规划,由政府有关部门和项目业主开展政府投资项目前期工作,并经投资综合管理部门组织咨询论证后列入政府投资项目储备库。

列入政府投资计划的项目,应当从政府投资项目储备库中选取。

第十二条　采用直接投资和资本金注入方式的政府投资项目,审批项目建议书、可行性研究报告、初步设计和项目概算;其中总投资在2 000万元以下的,可以合并编报和审批项目建议书、可行性研究报告。

第十三条　政府投资项目业主应当委托工程咨询机构编制项目建议书、可行性研究报告,按规定程序申报。

第十四条　投资综合管理部门在批复项目建议书、可行性研究报告前应当组织进行咨询评估,并征询财政和行业主管部门的意见。

债务率超警戒线的设区市、县(市、区)预警名单由省财政部门每年下达至相关设区市、县(市、区)人民政府,并抄送省投资综合管理部门。对债务率超警戒线的设区市、县(市、区),其投资综合管理部门对政府投资项目不得审批项目建议书;因危房改造、地质灾害防治等特殊情况确需审批项目建议书的,应当报经省投资综合管理部门、财政部门批准。对债务率未超警戒线的设区市、县(市、区),其政府投资项目涉及举债的,应当由财政部门对债务风险进行评估。

对经济、社会和环境影响重大的,社会公众普遍关注的公益性建设项目,应当采取听证会、征询会等方式广泛征求社会各界和公众的意见。

第十五条　项目可行性研究报告批准前,规划部门应当提出规划选址意见;国土资源部门应当提出用地预审意见。

项目开工建设前,项目业主应当依法取得环境影响评价文件审批意见或者履行环境影响登记表备案手续。

第十六条　项目业主应当委托符合资质的设计单位依照批准的可行性研究报告编制初步设计和项目概算。

设计单位应当严格按照有关规范,遵循估算控制概算的原则,进行限额设计。

第十七条　初步设计和项目概算由投资综合管理部门委托工程咨询机构进行评估,并征询财政和行业主管部门意见后批准。

第十八条　有下列情形之一的,项目可行性研究报告应当重新报请原审批机关批准:

(一)项目概算与投资估算不符,差额在10%以上的;

(二)项目概算与投资估算不符,差额在2 000万元以上的,其中投资额50亿元以上的基础设施建设项目,差额在5 000万元以上的;

(三)项目单位、建设性质、建设地点、建设规模、技术方案等发生重大变更的;

(四)用地规划选址、用地预审重新报批的。

第十九条　项目业主应当依照批准的初步设计和项目概算,遵循概算控制预算的原则进行施工图设计,合理确定工程造价。

第二十条　政府投资项目的勘察、设计、施工和监理,以及与工程建设有关的重要设备、材料等采购,应当依法实行招标。

工程设计依法应当招标而未招标的,不得批准初步设计。

第二十一条　政府与其他出资人共同投资的项目,各方资金应当同步到位。

第二十二条　政府投资项目财政性资金实行国库集中支付,项目资金拨付按照国库集中支付制度有关规定执行。

第二十三条　除涉及国家秘密的项目外,政府投资项目审批通过浙江政务服务网投资项目在线审批监管平台(以下简称在线平台)办理。各级人民政府及其部门应当通过在线平台实行项目一口受理、网上办理、规范透明、限时办结。

各级人民政府及其部门应当通过在线平台实行信息公开、协同监管，加强事中事后监管，主动接受社会监督。

第三章　投资计划管理

第二十四条　政府投资项目计划应当遵循量入为出、综合平衡的原则。

投资综合管理部门负责汇总本级人民政府有关部门、下级人民政府投资综合管理部门和有关项目业主的申请，并征询行业主管部门意见。

投资综合管理部门将汇总的政府投资项目，按照项目性质、功能、投资总额分类，并组织评估、论证后，会同财政部门衔接部门预算，编制年度政府投资项目建议计划。报同级人民政府常务会议审议。

第二十五条　年度政府投资项目计划应当包括下列内容：

（一）年度政府投资总额；

（二）具体项目名称、建设内容和规模、项目总投资、建设周期、年度投资额以及资金来源；

（三）政府重大投资项目的资金使用绩效目标和实现措施；

（四）政府投资项目的前期工作费用；

（五）待安排的预备项目；

（六）其他应当说明的情况。

第二十六条　政府投资项目必须落实资金或者明确资金来源。未落实或者未明确的，不得列入年度政府投资项目计划。

当年度政府投资总额在执行中有追加时，应当优先安排待安排的预备项目。

第二十七条　年度政府投资项目计划经批准后，投资综合管理部门应当及时向各项目业主下达投资计划，并通知本级相关部门和下一级投资综合管理部门。

政府投资项目计划一经批准，必须严格执行，任何单位和个人不得擅自变更；确需变更的，应当按照本办法第二十八条的规定执行。

第二十八条　政府投资项目计划执行过程中，确需调整年度政府投资总额或者增减政府投资项目的，投资综合管理部门应当会同财政和行业主管部门制定调整方案报本级人民政府批准。

第二十九条　因项目建设的实际需要，对已批准的年度投资进行调整的，由项目业主提出，经投资综合管理部门征求财政和行业主管部门意见后审批，但累计安排资金不得超过计划明确的该项目政府出资总额。

第三十条　投资综合管理部门应当建立投资信息发布制度，会同有关部门发布政府对投资的调控目标、主要调控政策、重点行业投资状况、发展趋势和产业指导目录等信息，发挥政府投资对全社会投资的引导作用。

第四章　建 设 管 理

第三十一条　政府投资项目应当组建项目法人，负责项目的建设、管理和运营。

行政机关工作人员不得兼任项目法人的法定代表人。

第三十二条　对非经营性政府投资项目推行代理建设制度（以下简称代建制）。

投资综合管理部门对实施代建制的项目，应当在项目建议书或者可行性研究报告批复时予以明确，代建单位通过招标等方式选择确定。

代建单位的资格条件、选定程序等具体实施细则，由省投资综合管理部门会同省有关部门另行制定，报省人民政府批准。

第三十三条　政府投资项目实行履约担保制度。合同签订后，勘察设计、施工、监理单位应当依照合同约定向项目业主提供由金融机构出具的一定金额的履约担保函。

第三十四条　政府投资项目应当严格按照批准的设计文件进行施工建设。确需变更设计的，应当经原设计单位同意。

有下列情形之一的,项目概算应当报原批准机关重新审批:

(一)项目概算与投资估算不符,差额在10%以上的;

(二)项目概算与投资估算不符,差额在2 000万元以上的,其中投资额50亿元以上的基础设施建设项目,差额在5 000万元以上的。

第三十五条 项目业主应当按照国家和省有关规定办理工程价款结算,项目主管部门应当会同财政部门加强对工程价款结算的监督。

项目竣工后,项目业主应当按照国家和省有关规定编制竣工财务决算。竣工财务决算经项目主管部门审核后报财政部门或者其授权的有关主管部门批复。

审计部门对政府投资项目概算的执行情况和决算进行审计监督。

第三十六条 政府投资项目涉及消防、人防、安全生产、建设档案等专项验收的,应当由有关行业主管部门依法组织验收。国家另有规定的,从其规定。

各项专项验收、工程质量的核定、竣工财务决算完成后,应当由投资综合管理部门或由其委托行业主管部门组织竣工验收。

第三十七条 对政府投资的重大建设项目,政府项目稽察机构按照国家和省重大建设项目稽察有关规定实施稽察,并向同级人民政府报告。

第三十八条 大中型政府投资项目交付试用期满后,投资综合管理部门应当会同财政部门有选择地进行项目后评价,后评价包括前期工作、实施情况、工程质量、投资效益、环境效益、社会效益等内容,后评价结论应当报告同级人民政府。

第三十九条 项目业主应当于竣工验收后向国有资产监督管理部门办理产权登记手续。

第五章 法律责任

第四十条 项目业主有下列行为之一的,投资综合管理部门以及其他有关主管部门按照各自职责,可以责令项目业主限期纠正;由有权机关对负有直接责任的主管人员和其他直接责任人员依法给予处分:

(一)未经批准擅自提高或者降低建设标准、扩大或者缩小投资规模的;

(二)依法应当实行招标的建设工程未实行招标的;

(三)未经竣工验收或者验收不合格即交付使用的;

(四)其他违规行为。

第四十一条 咨询评估机构及其执业人员在对项目建议书、可行性研究报告、初步设计、施工图设计进行咨询评估设计时弄虚作假,或者提供结论意见严重失实的,依照中介机构管理有关规定予以处罚。

第四十二条 政府有关部门负有直接责任的主管人员和其他直接责任人员有下列行为之一的,有权机关应当责令其限期纠正,并依法追究其行政责任:

(一)违反本办法第十四条、第十五条规定批准项目建议书、可行性研究报告的;

(二)违反本办法第十七条规定批准设计文件的;

(三)违反本办法第二十二条有关拨付建设资金规定的;

(四)其他违法行为。

第四十三条 上级负责人强令或者授意有关部门违反本办法规定的管理程序,或者违法干预政府投资项目决策的,由有权机关依法追究其行政责任。

第四十四条 政府投资项目发生重大质量及安全生产事故的,对有关责任人员依法追究其行政直至法律责任。

第四十五条 违反本办法规定,构成犯罪的,依法追究刑事责任。

第六章 附 则

第四十六条 本省建制镇的政府投资项目管理参照本办法执行。

第四十七条 本办法自2005年3月1日起实施。

价格违法行为举报处理规定

中华人民共和国国家发展和改革委员会令

第6号

根据《中华人民共和国价格法》，我们对《价格违法行为举报规定》（国家发展改革委令第15号）进行了修订，修订后的《价格违法行为举报处理规定》已经国家发展和改革委员会主任办公会议讨论通过，现予公布，自2014年5月1日起施行。

主　任　徐绍史

2014年1月15日

第一条　为保障公民、法人或者其他组织依法举报价格违法行为的权利，规范价格主管部门对价格违法行为举报的受理、办理、告知等工作，根据《中华人民共和国价格法》及有关法律、行政法规，制定本规定。

第二条　公民、法人或者其他组织（以下简称举报人）对违反价格和收费法律、法规、规章和其他规范性文件规定的行为向价格主管部门举报（以下简称价格举报），价格主管部门处理价格举报，适用本规定。

第三条　县级以上地方人民政府价格主管部门应当向社会公布12358举报电话、网上举报平台、通讯地址、接待的时间和地点等相关事项。

第四条　举报人可以通过12358举报电话、信件、互联网、传真、走访等形式向价格主管部门提出价格举报。

对采用口头方式提出价格举报的，价格主管部门应当记录。

多人采用走访形式提出共同的举报事项的，应当推选代表。

第五条　价格主管部门建立全国统一的价格举报管理信息系统，对价格举报实行统一编码管理。

举报人可以凭举报编码查询举报处理进展情况。

具体编码管理及查询办法按照价格举报管理信息系统工作规则执行。

第六条　举报有下列情形之一的，价格主管部门不予受理：

（一）举报事项不属于价格主管部门职权范围的；

（二）没有明确的被举报人的姓名（名称）、地址的；

（三）没有提供被举报的价格违法行为的具体事实的；

（四）对同一个价格违法行为的举报，其他机关已经受理的；

（五）对被举报的价格违法行为已经作出处理决定，举报人提出举报，但没有提供新的事实的。

第七条　价格主管部门接收举报后应当及时进行审查，属于收到举报的价格主管部门管辖范围，并且不属于本规定第六条第（二）、（三）、（四）、（五）项情形的，予以受理；不属于收到举报的价格主管部门管辖范围的，应当在7个工作日内转至有管辖权的价格主管部门处理。

接受转办的价格主管部门对收到的价格举报，应当及时进行审查，决定是否受理。

第八条　价格主管部门应当自收到举报之日起7个工作日内告知举报人是否受理或者转办。

第九条　价格主管部门对被举报的价格违法行为的管辖，按照《价格行政处罚程序规定》第二章和各省、自治区、直辖市价格行政处罚管辖分工规定执行。

第十条 价格举报采用书面形式并提供相关证据的，价格主管部门可以优先进行处理。

价格主管部门依法对被举报的价格违法行为进行调查后，依据《价格行政处罚程序规定》的规定作出行政处罚、不予行政处罚、移送有关行政机关处理等决定或者不予立案的，为举报办结。

第十一条 价格主管部门应当在举报办结后15个工作日内告知举报人对被举报的价格违法行为的处理结果。

第十二条 因生活消费需要购买商品或者接受服务的消费者，可以单独或者在进行价格举报时一并对涉及自身价格权益的民事争议提出投诉（以下简称价格投诉）。价格投诉应当在争议发生之日起一年内提出，并提供本人的身份证明、民事请求事项及相关证据。

消费者在价格举报时一并提出价格投诉的，价格投诉由受理价格举报的价格主管部门管辖。消费者单独提出价格投诉的，由争议发生地的市、县价格主管部门管辖。

价格主管部门应当自收到消费者价格投诉之日起7个工作日内，作出是否受理的决定并告知消费者。

第十三条 价格主管部门对价格投诉实行调解制度，调解应当在当事人双方同意的情况下进行。

有下列情形之一的，为价格投诉办结：

（一）达成调解协议的；

（二）调解期间双方自行协商和解的；

（三）消费者撤回投诉的；

（四）当事人一方拒绝调解的；

（五）双方未能达成调解协议的；

（六）应当视为价格投诉办结的其他情形。

价格投诉应当自受理之日起60日内办结，并告知消费者。当事人一方拒绝调解、未能达成调解协议或者不执行调解协议的，消费者可以通过民事诉讼、仲裁等方式维护自身合法权益。

第十四条 被举报人因价格违法行为致使消费者多付价款的，价格主管部门应当在对被举报的价格违法行为作出行政处罚决定前，责令被举报人将多收价款退还消费者，但应当扣除被举报人在价格投诉中已经退还的多收价款部分。

第十五条 本规定中的告知，价格主管部门可以采用口头或者书面形式（包括数据电文形式）进行，但举报人或者消费者姓名（名称）、地址不清或者未提供联系方式的除外。口头告知的，应当进行相关记录。

第十六条 价格主管部门应当为举报人保密，并对符合相关规定的举报人给予鼓励。

第十七条 对社会影响大的价格举报典型案例，价格主管部门可以向社会公布。

第十八条 对涉嫌价格垄断行为的举报，按照《中华人民共和国反垄断法》和《反价格垄断行政执法程序规定》的规定执行。

第十九条 咨询价格法律、法规、规章、政策，不适用本规定。

第二十条 各省、自治区、直辖市价格主管部门可以根据本规定制定实施细则。

第二十一条 本规定由国家发展和改革委员会负责解释。

第二十二条 本规定自2014年5月1日起施行。国家发展和改革委员会2004年8月10日发布的《价格违法行为举报规定》同时废止。

建设项目(工程)劳动安全卫生监察规定

中华人民共和国劳动部令第3号

第一条　为了贯彻“安全第一、预防为主”的方针,确保建设项目(工程)符合国家规定的劳动安全卫生标准,保障劳动者在生产过程中的安全与健康,根据《劳动法》,制定本规定。

第二条　本规定适用于我国境内的新建、改建、扩建的基本建设项目(工程)、技术改造项目(工程)和引进的建设项目(工程)(以下简称建设项目)。

矿山建设工程的安全卫生监察按矿山安全法律、法规和劳动部颁布的《矿山建设工程安全监督实施办法》执行。

第三条　建设项目中的劳动安全卫生设施必须符合国家规定的标准,必须与主体工程同时设计、同时施工、同时投入生产和使用(以下简称“三同时”)。

第四条　建设项目中引进的国外技术和设备应符合我国规定或认可的劳动安全卫生标准;全部设计应符合我国有关规范和规定的要求。

第五条　各级经济管理部门和行业管理部门在建设项目劳动安全卫生“三同时”工作中的职责是:

(一)在建设项目立项和管理工作中贯彻执行国家的劳动安全卫生“三同时”规定,管理和指导建设、设计、施工等单位严格执行“三同时”规定;

(二)国务院有关行业管理部门应根据国家劳动安全卫生标准,会同劳动部制定本行业的建设项目劳动安全卫生设计规定;

(三)负责将本行业建设项目年度计划及时抄送同级劳动行政部门;

(四)在组织建设项目可行性研究时,应有劳动安全卫生的论证内容,并将论证内容作为可行性研究报告的专门章(节)编入可行性研究报告;

(五)在编制(或审批)建设项目计划任务书时,应编制(或审批)劳动安全卫生设施所需投资,并纳入投资控制数额内;

(六)在组织建设项目可行性研究审查、初步设计审查和竣工验收时,应当有劳动行政部门和行业管理部门中的劳动安全卫生管理机构参加,并提供有关的文件、资料。

第六条　建设单位对建设项目实施劳动安全卫生“三同时”负全面责任。其职责是:

(一)在编制建设项目投资计划时,应将劳动安全卫生设施所需投资一并纳入计划,同时编报。引进技术、设备的建设项目,原有劳动安全卫生设施不得削减,没有劳动安全卫生设施或设施不能满足国家劳动安全卫生标准规定的,应同时编报国内配套的投资计划,并保证建设项目投产后其劳动安全卫生设施符合国家规定的标准;

(二)初步设计会审前,必须向劳动行政部门报送建设项目劳动安全卫生预评价报告和初步设计文件[含《劳动安全卫生专篇》(见附件一)]和有关的图纸资料。初步设计方案经劳动行政部门审查同意后,应及时办理《建设项目劳动安全卫生初步设计审批表》(见附件二);

(三)对承担建设项目的可行性研究、劳动安全卫生预评价、设计、施工等任务的单位提出落实“三同时”规定的具体要求,并负责提供必需的资料和条件;

(四)在生产设备高度阶段,应同时对劳动安全卫生设施进行调试和考核,对其效果作出评价。在人员培训时应有劳动安全卫生的内容,应制定完整的劳动安全卫生方面的规章制度;

(五)建设项目预验收前,应自主选择并委托劳动行政部门认可的单位进行劳动条件检测、危害程度分级和有关设备的安全卫生检测、检验,并将试运行中劳动安全卫生设备运行情况、措施的效果、检测检验数据、存在的问题以及拟采取的措施等写入劳动安全卫生验收专题报告,报送劳动行政部门审批;

(六)对预验收中提出的有关劳动安全卫生方面的改进意见应按期整改,并将整改情况及时报告劳动行政部门;

(七)建设项目劳动安全卫生设施和技术措施经劳动行政部门验收通过后,应及时办理《建设项目劳动安全卫生验收审批表》(见附件三)。

第七条 建设项目劳动安全卫生预评价,是根据建设项目可行性研究报告的内容,运用科学的评价方法,分析和预测该建设项目存在的职业危险、危害因素的种类和危险、危害程度,提出合理可行的劳动安全卫生技术和管理对策,作为该建设项目初步设计中劳动安全卫生设计和建设项目劳动安全卫生管理、监察的主要依据。

建设项目劳动安全卫生预评价,应在工程可行性研究阶段,由建设单位自主选择并委托本建设项目设计单位以外的有劳动安全卫生预评价资格的单位承担。

建设项目劳动安全卫生预评价工作应在建设项目初步设计会审前完成并通过劳动行政部门的审批。

第八条 凡符合下列情况之一的,必须进行建设项目劳动安全卫生预评价:

(一)大中型和限额以上的建设项目;

(二)火灾危险性生产类别为甲类的建设项目;

(三)爆炸危险场所等级为特别危险场所和高度危险场所的建设项目;

(四)大量生产或使用Ⅰ级、Ⅱ级危害程度的职业性接触毒物的建设项目;

(五)大量生产或使用石棉粉料或含有10%以上的游离二氧化硅粉料的建设项目;

(六)劳动行政部门确认的其他危险、危害因素大的建设项目。

第九条 劳动行政部门对从事建设项目劳动安全卫生预评价的单位实行资格认可和管理制度。未获取劳动安全卫生预评价资格的单位不得承担建设项目的劳动安全卫生预评价工作。

第十条 从事建设项目劳动安全卫生预评价工作的单位,必须是独立的法人,获取建设项目劳动安全卫生预评价资格证书,并具备与资格证书和所从事的行业相适应的技术装备和专业人员。

建设项目劳动安全卫生预评价单位资格认可与管理规则由劳动部另行制定。

第十一条 建设项目劳动安全卫生预评价单位应采用先进、合理的定性、定量评价方法,分析建设项目中潜在的危险、危害性及其可能的后果,提出明确的预防措施并写入预评价报告书。

第十二条 建设项目的可行性研究报告编制单位、工程设计单位应对建设项目劳动安全卫生设施的设计负技术责任。其职责是:

(一)建设项目进行可行性研究时,应对建设项目的劳动安全卫生同时作出论证,并将论证内容作为可行性研究报告的专门章(节)编入可行性研究报告;

(二)在编制初步设计文件时,应同时编制《劳动安全卫生专篇》;

(三)在初步设计中,应严格遵守现行的劳动安全卫生标准。并依据劳动安全卫生预评价报告,完善初步设计;

(四)在技术设计和施工图纸设计时,应落实初步设计中的劳动安全卫生内容和在初步设计审查中通过的劳动安全卫生方面的审查意见;

(五)凡经审查同意的劳动安全卫生初步设计方案,如有变动应征得原负责审批的劳动行政部门的同意。

第十三条 施工单位应对建设项目的劳动安全卫生设施的工程质量负责。

施工中应严格按照施工图纸和设计要求施工,确实做到劳动安全卫生设施与主体工程同时施工,并确保工程质量。

第十四条 各级劳动行政部门对建设项目"三同时"的实施,实行劳动安全卫生监察:

(一)监督检查建设单位及承担建设项目可行性研究、劳动安全卫生预评价、设计、施工等任务的单位贯彻执行“三同时”规定的情况；

（二）根据国家劳动安全卫生标准和行业劳动安全卫生设计规定，审查并批复建设单位报送的建设项目可行性研究报告文件中的劳动安全卫生论证内容，审查（或组织审查）并批复建设项目劳动安全卫生预评价报告和建设项目劳动安全卫生专篇；

（三）根据建设单位报送的建设项目劳动安全卫生验收专题报告，对建设项目竣工进行劳动安全卫生验收。

对本规定第八条中所列的建设项目，在正式验收前应进行劳动安全卫生预验收或专项审查验收；

（四）对违反“三同时”规定的建设单位及承担可行性研究、劳动安全卫生预评价、设计、施工等任务的单位，应及时下达整改通知，并监督检查其整改情况；

（五）在建设项目劳动安全卫生“三同时”工作中，应发挥行业管理部门劳动安全卫生机构的作用并听取他们的意见；

（六）在建设项目劳动安全卫生“三同时”工作中，应贯彻执行劳动法律、法规和标准，公正廉洁、依法行政。

第十五条 建设项目的劳动安全卫生监察工作实行分级管理：

（一）国务院经济管理部门、行业管理部门直接组织的国家重点建设项目由劳动部负责；

（二）其他建设项目，由省、自治区、直辖市人民政府劳动行政部门根据本地区的实际情况确定。

第十六条 省、自治区、直辖市人民政府劳动行政部门可依据本规定制定实施细则。

第十七条 本规定自一九九七年一月一日起施行。劳动部于一九八八年五月二十七日颁布的《关于生产性建设工程项目职业安全卫生监察的暂行规定》（劳字〔1988〕48号）同时废止。

建设项目(工程)劳动安全卫生预评价管理办法

中华人民共和国劳动部令第10号

《建设项目(工程)劳动安全卫生预评价管理办法》已经1998年2月5日劳动部部长办公会议通过,现予以颁布,自颁布之日起施行。

部长　李伯勇
一九九八年二月五日

第一条　为了规范建设项目(工程)的劳动安全卫生预评价工作,依据《建设项目(工程)劳动安全卫生监察规定》,制定本办法。

第二条　下列建设项目必须进行劳动安全卫生预评价:

(一)属于《国家计划委员会、国家基本建设委员会、财政部关于基本建设项目和大中型划分标准的规定》中规定的大中型建设项目;

(二)属于《建筑设计防火规范》(GBJ 16)中规定的火灾危险性生产类别为甲类的建设项目;

(三)属于劳动部颁布的《爆炸危险场所安全规定》中规定的爆炸危险场所等级为特别危险场所和高度危险场所的建设项目;

(四)大量生产或使用《职业性接触毒物危害程度分级》(GB 5044)规定的Ⅰ级、Ⅱ级危害程度的职业性接触毒物的建设项目;

(五)大量生产或使用石棉粉料或含有10%以上的游离二氧化硅粉料的建设项目;

(六)其他由劳动行政部门确认的危险、危害因素大的建设项目。

第三条　建设项目的劳动安全卫生预评价工作,应在工程可行性研究阶段进行,由建设单位自主选择本建设项目设计单位以外的、熟悉本行业和本建设项目技术特点的、有劳动安全卫生预评价资格的单位(以下简称预评价单位)承担,并与之签订书面委托合同。

承担劳动安全卫生预评价工作的单位,应根据建设单位的委托,对建设项目存在的危险、危害因素的种类和程度,进行预评价,提出明确的防范措施。

第四条　建设项目劳动安全卫生预评价工作应在建设项目初步设计会审前完成,并通过劳动行政部门的审批。

第五条　预评价单位应编制建设项目劳动安全卫生预评价大纲和劳动安全卫生预评价报告书,并送劳动行政部门审批。

(一)国务院有关部、委、总公司及其他直属机构直接组织的国家重点建设项目,其劳动安全卫生预评价大纲和预评价报告书经具有认可资格的专家评审后由劳动部审批。

(二)其他建设项目,其劳动安全卫生预评价大纲和预评价报告书的审批工作,由省、自治区、直辖市、计划单列市劳动行政部门根据本地区的实际情况确定。

第六条　建设项目劳动安全卫生预评价大纲应包括以下主要内容:

(一)预评价的主要依据;

(二)建设项目概况;

(三)主要职业危险、危害因素;

(四)预评价范围、预评价单元;

（五）预评价方法；

（六）劳动安全卫生对策措施；

（七）预评价工作的进度安排。

第七条　建设项目劳动安全卫生预评价报告书应包括以下主要内容：

（一）建设项目劳动安全卫生预评价的主要依据和建设项目概况；

（二）建设项目的主要危险、危害因素及其定量或定性评价；

（三）劳动安全卫生对策措施（包括建设及场地布置方面的对策措施，工艺及设备方面的对策措施，劳动安全卫生工程设计方面的对策措施，劳动安全卫生管理方面的对策措施，事故应急方面的对策措施及其他综合性措施）；

（四）预评价结论和建议。

第八条　劳动安全卫生预评价报告书应做到数据完整可靠，附图附表齐全，对策措施具体可行，评价结论客观公正。

第九条　设计单位在初步设计中，应严格遵守现行的劳动安全卫生标准，依据劳动安全卫生预评价报告书，完善设计，编制《建设项目劳动安全卫生专篇》，对劳动安全卫生设施的设计负技术责任。

第十条　本办法自颁布之日起施行。

关于完善公路基本建设工程概算预算编制办法有关内容的通知

交公路发〔2005〕230 号

现行《公路基本建设工程概算、预算编制办法》(交公路发〔1996〕612 号,以下简称《办法》)、《公路基本建设工程交通工程概(预)算编制的规定》(公设技字〔2000〕285 号)、《公路工程概算定额》和《公路工程预算定额》(交工发〔1992〕65 号)、《公路工程机械台班费用定额》(交公路发〔1996〕610 号)等法规颁布执行以来,为控制工程造价起到了重要作用。但随着市场经济体制的逐步完善和国家经济的快速发展,公路投资的多元化及建设新技术、新材料、新工艺的大量采用,现行的工程造价管理规章制度已不适应发展的需要。为适应投资体制改革的新形势,我部拟对现行办法及定额进行修订。由于修订工作量大、内容繁杂,需进行大量的调研和测算工作,为尽快适应工程建设管理要求,在修订的办法等法规正式颁布前先对有关内容提出完善意见,请各地按通知要求结合工程实际参照执行。

一、建设项目管理费

建设项目管理费(《办法》中的建设单位管理费),包括建设单位(业主)管理费、工程质量监督费、工程监理费、工程定额测定费和设计文件审查费。

(一)建设单位(业主)管理费

建设单位(业主)管理费系指建设单位(业主)为建设项目的立项、筹建、建设、竣(交)工验收、总结等工作所发生的费用。不包括应计入设备、材料预算价格的建设单位采购及保管设备、材料所需的费用。

费用内容包括:工作人员的工资、工资性补贴、施工现场津贴、社会保险费用(基本养老、基本医疗、失业、工伤保险)、住房公积金、职工福利费、工会经费、劳动保护费;办公费、会议费、差旅交通费、固定资产使用费(包括办公及生活房屋折旧、维修或租赁费,车辆折旧、维修、使用或租赁费,通讯设备购置、使用费,测量、试验设备仪器折旧、维修或租赁费,其他设备折旧、维修或租赁费等)、零星固定资产购置费、招募生产工人费;技术图书资料费、职工教育经费、工程招标费(不含招标文件及标底编制费);合同契约公证费、法律顾问费、咨询费;建设单位的临时设施费、完工清理费、竣(交)工验收费、各种税费(包括房产税、车船使用税、印花税等);建设项目审计费、境内外融资费用(不含建设期贷款利息)、业务招待费、安全生产管理费和其他管理性开支。

建设单位(业主)管理费以建筑安装工程费总额为基数,按表 1 的费率,以累进办法计算。

表 1 建设单位(业主)管理费费率表

第一部分 建筑安装工程费(万元)	费率 (%)	算例(万元)	
		建筑安装工程费	建设单位(业主)管理费
500 以下	3.48	500	500 × 3.48%=17.4
501 ~ 1 000	2.73	1 000	17.4+500 × 2.73%=31.1
1 001 ~ 5 000	2.18	5 000	31.1+4 000 × 2.18%=118.3
5 001 ~ 10 000	1.84	10 000	118.3+5 000 × 1.84%=210.3
10 001 ~ 30 000	1.52	30 000	210.3+20 000 × 1.52%=514.3

续表 1

第一部分 建筑安装工程费（万元）	费率 （%）	算例（万元）	
		建筑安装工程费	建设单位（业主）管理费
30 001 ~ 50 000	1.27	50 000	514.3+20 000 × 1.27%=768.3
50 001 ~ 100 000	0.94	100 000	768.3+50 000 × 0.94%=1 238.3
100 001 ~ 150 000	0.76	150 000	1 238.3+50 000 × 0.76%=1 618.3
150 001 ~ 200 000	0.59	200 000	1 618.3+50 000 × 0.59%=1 913.3
200 001 ~ 300 000	0.43	300 000	1 913.3+100 000 × 0.43%=2 343.3
300 000 以上	0.32	310 000	2 343.3+10 000 × 0.32%=2 375.3

注:（1）水深 >15 米、斜拉桥和悬索桥等特大型桥梁工程，按表中费率乘以 1.0 ~ 1.2 的系数。

（2）海上工程（指由于风浪影响，工程施工期（不包括封冻期）全年月平均工作日少于 15 天的工程）及水下隧道工程按表中费率乘以 1.0 ~ 1.3 的系数。

（二）工程监理费

工程监理费系指建设单位（业主）委托具有公路工程监理资格的单位，按施工监理规范进行全面的监督和管理所发生的费用。

费用内容包括：工作人员的基本工资、工费性津贴、社会保险费用（基本养老、基本医疗、失业、工伤保险）、住房公积金、职工福利费、工会经费、劳动保护费；办公费、会议费、差旅交通费、固定资产使用费（包括办公及生活房屋折旧、维修或租赁费，车辆折旧、维修、使用或租赁费，通讯设备购置、使用费，测量、试验、检测设备仪器折旧、维修或租赁费，其他设备折旧、维修或租赁费等）、零星固定资产购置费、招募生产工人费；技术图书资料费、职工教育经费、投标费用；合同契约公证费、咨询费、业务招待费；财务费用、监理单位的临时设施费、各种税费和其他管理性开支。

工程监理费以建筑安装工程费总额为基数，按表 2 的费率计算。

表 2 工程监理费费率表

工程类别	高速及一级公路	二级公路	三级及四级公路	桥梁及隧道
费率（%）	2.0	2.5	3.0	2.5

注：桥梁指水深 >15 米、斜拉桥和悬索桥等独立特大型桥梁工程；隧道指水下隧道工程。

建设单位（业主）管理费和工程监理费均为实施建设项目管理的费用，执行时可根据建设单位（业主）和施工监理单位所实际承担的工作内容和工作量统筹使用。

（三）工程质量监督费

工程质量监督费系指根据国家有关部门规定，各级公路工程质量监督机构对工程建设质量实施监督应收取的管理费用。

工程质量监督费以建筑安装工程费总额为基数，按 0.15% 计算。

（四）工程定额测定费

工程定额测定费（《办法》中的定额编制、管理费），系指各省、自治区、直辖市各级公路（交通）工程定额（造价管理）站为测定劳动定额、搜集定额资料、编制工程定额及定额管理所需要的工作经费。

工程定额测定费以建筑安装工程费总额为基数，按 0.12% 计算。

（五）设计文件审查费

设计审查费系指国家和省级交通主管部门在项目审批前，为保证勘察设计工作的质量，组织有关专家或委托有资质的单位，对设计单位提交的建设项目可行性研究报告和勘察设计文件以及对设计变更、调整概算进行审查所需要的相关费用。

设计文件审查费以建筑安装工程费总额为基数，按0.1%计算。

二、建设项目前期工作费

建设项目前期工作费（《办法》中的勘察设计费）系指委托勘察设计、咨询单位对建设项目进行可行性研究、工程勘察设计，依据国家法律须进行评价评估、咨询，及设计、监理、施工招标文件、施工招标标底文件编制时，按规定应支付的费用。包括：

1. 编制预可行性研究报告、工程可行性研究报告，以及相应的勘查、设计、专题研究等所需的费用。

2. 初步设计和施工图设计的勘察费（包括工程测量、水文调查、地质勘探等）、设计费。

3. 国家法律、法规规定的环境影响评价费、水土保持评估费、地震安全性评价费、地质灾害危险性评价费、压覆重要矿床评估费、文物勘察费、通航论证费、行洪论证（评估）费等前期工作费用。

4. 设计、监理、施工招标文件及施工招标标底（或造价控制值）文件编制费等。

计算方法：第1、2、3项费用及招标文件编制费用，按国家颁发的收费标准和有关规定进行编制。

三、大型专用机械设备购置费

取消大型专用机械设备购置费。

四、预备费

预备费系指在初步设计和概算中难以预料的工程费用，其用途如下：

1. 在进行技术设计、施工图设计和施工过程中，在批准的初步设计和概算范围内所增加的工程费用。

2. 在设备订货时，由于规格、型号改变的价差；材料货源变更、运输距离或方式的改变以及因规格不同而代换使用等原因发生的价差。

3. 由于一般自然灾害所造成的损失和预防自然灾害所采取的措施费用。

4. 在项目主管部门组织竣（交）工验收时，验收委员会（或小组）为鉴定工程质量必须开挖和修复隐蔽工程的费用。

5. 投保的工程根据工程特点和保险合同发生的工程保险费用。

计算方法：以第一、二、三部分费用之和（扣除建设期贷款利息）为基数按下列费率计算：

设计概算按5%计列；

修正概算按4%计列；

施工图预算按3%计列。

关于颁布《建筑工程设计文件编制深度规定》（2003年版）的通知

建质〔2003〕84号

各省、自治区建设厅，直辖市建委，国务院各有关部门：

为进一步贯彻《建设工程质量管理条例》和《建设工程勘察设计管理条例》，确保建筑工程设计质量，我部组织中南建筑设计院（主编）等单位编制了《建筑工程设计文件编制深度规定》（2003年版），经审查，现批准颁布，自2003年6月1日起施行；原《建筑工程设计文件编制深度的规定》（1992年版）和建设部《关于印发〈城市建筑方案设计竞选管理试行办法〉的通知》（建设〔1995〕230号）所附的《城市建筑方案设计文件编制深度规定》，自2003年6月1日起同时废止。

附件：《建筑工程设计文件编制深度规定》（2003年版）（略）

中华人民共和国建设部

二〇〇三年四月二十一日

中共中央办公厅　国务院办公厅关于进一步严格控制党政机关办公楼等楼堂馆所建设问题的通知

中办发〔2007〕11号

各省、自治区、直辖市党委和人民政府,中央和国家机关各部委,军委总政治部,各人民团体:

近年来,各地区各部门按照中央的要求,在严格控制党政机关办公楼等楼堂馆所建设方面采取了一些措施,取得了一定成效。但是,最近一些党政机关违规修建办公楼等楼堂馆所现象又有所抬头,且有愈演愈烈之势。有的违反审批程序,越权审批,擅自提高建设标准、扩大建筑面积;有的不注重建筑的使用功能和经济实用性,盲目攀比,贪大求洋,搞豪华装修;有的不惜贷款、举债,甚至挪用扶贫款、救灾款等专项资金修建办公楼等楼堂馆所,群众反映十分强烈。党中央、国务院对此高度重视,明确要求采取有效措施,坚决刹住这股歪风,维护党和政府的良好形象。经党中央、国务院领导同志同意,现就进一步严格控制党政机关办公楼等楼堂馆所建设问题通知如下。

一、充分认识严格控制党政机关办公楼等楼堂馆所建设的重要意义

严格控制党政机关办公楼等楼堂馆所建设,是发扬艰苦奋斗、勤俭节约优良传统的具体体现,是加强党风廉政建设的重要内容,是密切党群干群关系、维护党和政府形象的客观要求。各级党委、政府和各有关部门要充分认识到,违反规定建设办公楼等楼堂馆所,追求和攀比办公场所豪华气派,是一种严重的铺张浪费行为,也是一种滥用权力的腐败行为。这种做法不仅浪费国家财产和资源,加重人民群众负担,而且败坏党风、政风和社会风气,侵蚀党员干部的进取精神和服务意识,危害党和人民的事业。同时还要看到,虽然我国的经济实力和综合国力在不断增强,但我国还是发展中国家,仍处于并将长期处于社会主义初级阶段,全体人民的生活还不富裕,国家建设和发展需要办的事情还很多,必须继续发扬艰苦奋斗的优良传统,必须继续坚持勤俭办一切事业的方针。各级党政机关和领导干部要牢牢把握立党为公、执政为民的本质要求,始终牢记"两个务必",全面加强思想作风建设,带头弘扬新风正气,坚决抵制贪图安逸、追求享乐等不正之风,为全社会做好表率。

二、严格审批党政机关办公楼建设项目

所有新建、扩建、迁建、购置、装修改造党政机关办公楼项目,必须严格履行审批程序。根据有关规定,中央直属机关办公楼建设项目经中央直属机关事务管理局审核同意后,由国家发展改革委核报国务院审批。国务院各部门办公楼建设项目,总投资7 000万元以下(含7 000万元)的,由国务院机关事务管理局征求国家发展改革委意见后报国务院审批;总投资7 000万元以上的,经国务院机关事务管理局初审后,由国家发展改革委核报国务院审批。中央和国家机关所属事业单位办公楼建设项目,一律报国家发展改革委审批。其中,使用中央预算内投资7 000万元以上的,由国家发展改革委核报国务院审批。

省(自治区、直辖市)及计划单列市党政机关办公楼建设项目,一律由国家发展改革委核报国务院审批。省直厅(局)级单位和市(地、州、盟)、县(市、区、旗)党政机关办公楼建设项目,由省(自治区、直辖市)人民政府审批。市(地、州、盟)、县(市、区、旗)党政机关直属单位和乡镇党政机关办公楼建设项目,由市(地、州、盟)人民政府(行署)审批。地方各级党政机关直属事业单位办公楼建设项目的审批程序,由各省(自治区、直辖市)人民政府规定。

今后一律不再审批党政机关新建、改扩建包括培训中心在内的各类具有住宿、会议、餐饮等接待功能的设施或场所建设项目,也不得安排财政性资金用于部门、地方所属的现有这类设施或场所的维修改造。各级党政机关要积极推进所属接待设施或场所经营管理的社会化进程,实现与所属部门彻底脱钩。

三、从严控制党政机关办公楼建设标准

党政机关办公楼建设必须体现庄重、朴素、实用和节约资源的原则。办公楼面积标准要严格按照原国家计委《关于印发党政机关办公用房建设标准的通知》(计投资〔1999〕2250号,以下简称《通知》)的规定执行。办公楼主入口不得设置大门厅,门厅高度不得超过两层楼高。各级领导干部办公室的使用面积,要严格控制在《通知》规定的标准内。不得在办公区域内,以任何理由建设阶梯式和有舞台灯光音响、舞台机械、同声传译的会堂、报告厅、大型会议室。建筑物内不得设置阳光房、采光中厅、室内花园、景观走廊等。

党政机关办公楼不得定位为城市标志性建筑,外立面不得搞豪华装修,内装修要简洁朴素,办公设备的配置要科学实用。电梯、采暖、空调、供配电、弱电等设备以及各类建筑材料均应选用高效、节能、环保的国产产品。凡新建、改扩建的,必须严格执行《公共建筑节能设计标准》,建成后应进行建筑节能测评,凡达不到建筑节能标准的,不得进行竣工验收备案。

党政机关办公楼建设必须符合土地利用和城市规划要求,从严控制用地规模,严禁超标准占地、低效利用土地,不得占用耕地,不得配套建设大型广场、公园等设施。同时,要积极创造条件盘活行政事业单位办公楼存量资源,增加存量供给。对办公用房确有困难的,应首先考虑从现有党政机关办公用房存量中调剂解决;确需新建、改扩建的,应打破系统、部门之间界限,实行集中建设。

要充分发挥限额设计在控制投资和建设标准方面的作用,坚决控制党政机关办公楼工程造价标准。党政机关办公楼单位综合造价(不含土地有关费用及市政配套建设费),省(部)级不得超过4 000元/平方米,市(地)级不得超过3 000元/平方米,县(处)级及以下单位不得超过2 500元/平方米。在不超出上述限额的前提下,各省(自治区、直辖市)可根据本地实际情况制定党政机关办公楼单位综合造价标准。凡超出规定标准的,投资主管部门一律不得受理。除明显物价上涨以及国家政策性调整、自然灾害等不可抗力因素外,经批准的初步设计概算一律不得突破和调整。

四、规范党政机关办公楼建设资金来源和管理方式

党政机关和财政全额拨款事业单位办公楼项目建设投资,统一由政府预算内投资安排,不得使用银行贷款,不得接受任何形式的赞助或捐赠,不得搞任何形式的集资或摊派,不得向其他单位借款,不得让施工单位垫资,严禁挪用各类专项资金。土地收益和资产转让收益要按照有关规定严格实行收支两条线管理,不得直接用于办公楼建设。差额拨款和自收自支事业单位使用行政事业性收费等财政性资金建设办公楼的,在申报项目时要出具财政部门对使用行政事业性收费等财政性资金的审核意见。

加快推进党政机关办公楼建设项目代建制试点工作。逐步推行由专业化项目管理单位组织实施项目建设、建成后移交给使用单位的建设管理模式,不再由使用单位自行组织建设。

投资和规模较大的党政机关办公楼建设项目,投资主管部门应对项目施工图进行复核,对不按初步设计和投资概算批复要求编制的施工图,建设和设计单位必须按要求进行修改。在项目实施过程中,有关部门要加强监督检查,使用单位不得随意干涉。项目建成交付使用前,由纪检监察机关、审计、财政和投资主管等部门组成联合检查组,对项目的建设规模、标准、投资、资金来源进行全面检查。

五、全面清理党政机关办公楼等楼堂馆所建设项目

各地区各部门要对近年来修建党政机关办公楼等楼堂馆所情况进行全面彻底的清理。对清理中发现的问题,要根据不同情况分别作出处理。凡是违反规定拟建和在建的办公楼等楼堂馆所项目,必须坚决停建或缓建;凡是没有按规定履行审批手续,擅自建设的办公楼等楼堂馆所项目,一经查实,要予以没收;凡是超规模、超标准、超投资概算建设的办公楼等楼堂馆所项目,要视具体情况作出腾退超标准面积或全部没收、拍卖处理。对招标交易单位不按批复规模、标准受理招标的,有关部门要责令其停业整顿,并追究直接责任人和主要领导人员的责任;对设计单位不按批复规模、标准设计的,有关部门要依法给予其行政处罚,并禁止其承接政府投资项目的设计业务;对项目未按批复规模、标准实施,监理单位未及时制止并向投资主管部门报告的,有关部门要依法给予其行政处罚,并禁止其承接政府投资项目的监理业务。

六、建立健全相关制度和监管机制

各地区各部门要结合实际,抓紧制定相关制度和实施办法,并切实加强领导,严格落实责任制,确保本通知精神落到实处。投资主管部门要进一步完善审批程序,建立健全审批责任制和内部监督机制,对违规审批等行为要严肃处理。财政部门要严格公共财政支出管理制度,增强预算透明度,对于未经有关部门审批的办公楼建设项目一律不下达财政预算,把党政机关办公楼等楼堂馆所建设预算支出情况作为政务公开的重要内容,主动接受社会监督。建设部门要加强党政机关办公楼等楼堂馆所设计概算、施工预算编制的管理和工程造价标准的制定工作。审计部门要加强对党政机关办公楼等楼堂馆所建设项目的审计监督。纪检监察机关要加强对党政机关办公楼等楼堂馆所建设的监督检查,坚决纠正和查处各种违规违纪行为,对有令不行、有禁不止的,要依照有关规定给予直接责任人党纪政纪处分,并追究有关领导人员的责任。

本通知所称党政机关,包括党的机关、人大机关、行政机关、政协机关、审判机关、检察机关。工会、共青团、妇联等人民团体以及各级党政机关派出机构和直属事业单位适用本通知。国有和国有控股企业参照执行本通知。

中共中央办公厅

国务院办公厅

二〇〇七年三月十八日

关于党政机关停止新建楼堂馆所和清理办公用房的通知

中办发〔2013〕17号

近年来，各地区各部门认真贯彻中央要求，在严格控制党政机关楼堂馆所建设方面采取了一些措施，取得了一定成效。但是，近期一些地区和部门又出现了违规修建楼堂馆所的现象，损害党风政风，影响党和政府形象，人民群众反映强烈。党中央、国务院对此高度重视，强调各级党政机关要大力弘扬艰苦奋斗、勤俭节约的优良作风，认真贯彻落实中央八项规定精神，树立过紧日子的思想，全面停止新建楼堂馆所，规范办公用房管理，切实把有限的资金和资源更多用在发展经济、改善民生上。经党中央、国务院同意，现就有关事项通知如下。

一、全面停止新建党政机关楼堂馆所

自本通知印发之日起，5年内，各级党政机关一律不得以任何形式和理由新建楼堂馆所。

（一）停止新建、扩建楼堂馆所。严禁以任何理由新建楼堂馆所，严禁以危房改造等名义改扩建楼堂馆所，严禁以建技术业务用房名义搭车新建楼堂馆所，严禁改变技术业务用房的用途。

（二）停止迁建、购置楼堂馆所。严禁以城市改造、城市规划等理由在他处重新建设楼堂馆所，严禁以任何理由购置楼堂馆所。

（三）严禁以"学院""中心"等名义建设楼堂馆所。严禁接受任何形式的赞助建设和捐赠建设，严禁借企业名义搞任何形式的合作建设、集资建设或专项建设。

（四）已批准但尚未开工建设的楼堂馆所项目，一律停建。

二、严格控制办公用房维修改造项目

办公用房因使用时间较长、设施设备老化、功能不全、存在安全隐患，不能满足办公要求的，可进行维修改造。维修改造项目要以消除安全隐患、恢复和完善使用功能为重点，严格履行审批程序，严格执行维修改造标准，严禁豪华装修。

中央直属机关办公用房维修改造项目，由中直管理局审批。国务院各部门办公用房维修改造项目，由国管局审批。地方各级党政机关办公用房维修改造项目的审批程序，由各省、自治区、直辖市规定。各地区要根据本地区实际制定党政机关办公用房维修改造标准和工程消耗量定额。

各级党政机关要严格按照2007年印发的《中共中央办公厅、国务院办公厅关于进一步严格控制党政机关办公楼等楼堂馆所建设问题的通知》要求，加强预算和资金使用管理。党政机关办公用房维修改造项目所需投资，统一纳入预算安排财政资金解决，未经审批的项目，不得安排预算。

各级党政机关不得以任何理由安排财政资金用于包括培训中心在内的各类具有住宿、会议、餐饮等接待功能的设施或场所的维修改造。

三、全面清理党政机关和领导干部办公用房

各级党政机关要对占有、使用的办公用房进行全面清理，根据不同情况分别作出如下处理：

（一）超过《党政机关办公用房建设标准》（原国家计委计投资〔1999〕2250号）规定的面积标准占有、使用办公用房的，应予以腾退。

（二）未经批准改变办公用房使用功能的，原则上应恢复原使用功能。

（三）已经出租、出借的办公用房到期应予收回，租赁合同未到期的，租金收入严格按照收支两条线规定管理，到期后不得续租。未经批准租用办公用房的，应予以清理并腾退，严禁以租用过渡性用房名义变相购建使用办公用房。

（四）除在立项批复中明确事业单位和行政机关办公用房一并建设外，所属其他企事业单位一律不得占用行政机关办公用房，已占用的，原则上应予以清理并腾退。

（五）部门和单位在机构变动中转为企业的，所占用的办公用房应予腾退，确实难以腾退的，经批准可租用原办公用房或按规定程序转为企业国有资本金。

（六）各级党政机关领导干部应当严格按照《党政机关办公用房建设标准》的规定配置办公用房。办公用房面积超标准配置的，应予以清理并腾退；领导干部在不同部门同时任职的，应在主要工作部门安排一处办公用房，其他任职部门不再安排办公用房；领导干部工作调动的，由调入部门安排办公用房，原单位的办公用房不再保留；领导干部在人大或政协任职，人大或政协已安排办公用房的，原单位的办公用房不再保留，人大或政协没有安排办公用房的，由原单位根据本人承担工作的实际情况，安排适当的办公用房；领导干部在协会等单位任职的，由协会等单位根据工作需要安排办公用房，原单位的办公用房不再保留；领导干部已办理离退休手续的，原单位的办公用房应及时腾退。

四、严格规范党政机关办公用房管理

各地区要按照有关规定，建立健全办公用房集中统一管理制度，实行统一调配、统一权属登记。要严格按照《党政机关办公用房建设标准》和各部门各单位“三定”规定，从严核定办公用房面积。新建、调整办公用房的部门和单位，要按照“建新交旧”“调新交旧”原则，在搬入新建或新调整办公用房的同时，及时将原办公用房腾退移交机关事务主管部门。因机构增设、职能调整确需增加办公用房的，应在本部门本单位现有办公用房中解决；本部门本单位现有办公用房不能满足需要的，由机关事务主管部门整合办公用房资源调剂解决；无法调剂、确需租用办公用房的，要严格履行审批手续。各级党政机关要制定本部门本单位办公用房使用管理制度，严格办公用房使用管理。

各级机关事务主管部门要做好办公用房物业管理工作，制定和完善物业服务内容、服务标准和收费标准等制度，并结合机关后勤服务社会化改革，逐步推进办公用房物业服务社会化。

五、切实加强领导，强化监督检查

停止新建党政机关楼堂馆所和清理办公用房，是加强党风廉政建设的重要内容，是密切党群干群关系、维护党和政府形象的客观要求，各级党政机关要高度重视，领导干部要率先垂范。各地区各部门各单位要结合实际，抓紧制定相关制度标准和实施办法，切实加强领导，严格落实责任制，确保本通知精神落到实处。

投资主管部门要进一步完善审批程序，建立健全审批责任制和内部监督机制，对违规审批等行为要严肃处理。财政部门要严格公共财政预算管理，对未按规定履行审批手续的党政机关楼堂馆所建设和维修改造项目一律不得下达财政预算。各部门各单位年终应把楼堂馆所建设和维修改造项目实施情况作为政务公开的重要内容，主动接受社会监督。国土资源管理部门要严格土地供应管理，对未按规定履行审批手续的党政机关楼堂馆所建设和维修改造项目一律不得供地。住房城乡建设部门要加强对党政机关楼堂馆所建设和维修改造项目的监管，并制定相应的标准和工程消耗量定额。机关事务主管部门要完善党政机关办公用房管理制度，定期组织督促检查，并通报检查情况，督促落实办公用房清理工作。审计部门要加强对党政机关楼堂馆所建设和维修改造项目的审计监督。纪检监察机关要坚决纠正和查处党政机关楼堂馆所建设和维修改造项目及办公用房管理使用中的各种违规违纪行为，对有令不行、有禁不止的，依照有关规定严肃追究直接责任人和有关领导人员的责任。

2013 年 9 月 30 日前，各地区要将落实本通知的情况报中央办公厅、国务院办公厅；中央和国家机关各部门落实本通知的情况，按系统分别报中直管理局、国管局，汇总后报中央办公厅、国务院办公厅。中央办公厅、国务院办公厅将视情组织督促检查，并通报检查情况。

本通知所称党政机关，包括党的机关、人大机关、行政机关、政协机关、审判机关、检察机关。各级党政机关派出机构、直属事业单位及工会、共青团、妇联等人民团体适用本通知。国有及国有控股企业参照本通知执行。

本通知所称党政机关楼堂馆所，包括使用财政性资金建设的党政机关办公用房、培训中心，以及以“学院”“中心”等名义兴建的具有住宿、会议、餐饮等接待功能的设施或场所；领导干部是指省部级以下（含省部级）各级党政领导干部。党政机关使用非财政性资金建设的楼堂馆所，参照本通知执行。

国家发展改革委　住房城乡建设部关于印发党政机关办公用房建设标准的通知

发改投资〔2014〕2674号

中央和国家机关各部委、各直属机构，各人民团体，各省、自治区、直辖市及计划单列市、新疆生产建设兵团发展改革委、住房和城乡建设厅（局、委）：

根据中共中央办公厅、国务院办公厅《关于党政机关停止新建楼堂馆所和清理办公用房的通知》（中办发〔2013〕17号）有关大力弘扬艰苦奋斗、勤俭节约优良作风，认真贯彻落实中央八项规定精神的要求，发展改革委、住房城乡建设部会同有关部门在深入调查研究和广泛征求意见的基础上，对1999年颁布实施的党政机关办公用房建设标准进行了修订。经报请党中央、国务院批准，现将修订后的《党政机关办公用房建设标准》印发给你们，请按照执行。

附件：党政机关办公用房建设标准（略）

国家发展改革委

住房城乡建设部

2014年11月24日

中共浙江省委办公厅、浙江省人民政府办公厅关于严格控制党政机关办公楼等楼堂馆所建设的通知

浙委办〔2008〕42 号

各市、县(市、区)党委和人民政府,省直属各单位:

为深入贯彻中央办公厅、国务院办公厅《关于进一步严格控制党政机关办公楼等楼堂馆所建设问题的通知》(中办发〔2007〕11 号)精神,结合浙江实际,经省委、省政府领导同志同意,现就有关事项通知如下:

一、进一步认识严格控制党政机关办公楼等楼堂馆所建设的重要意义

严格控制党政机关办公楼等楼堂馆所建设,是在新的历史条件下发扬艰苦奋斗、勤俭节约优良传统的具体体现,是加强党风廉政建设的重要内容,是密切党群干群关系、维护党和政府形象的客观要求。各地各部门要牢牢把握立党为公、执政为民的本质要求,始终牢记"两个务必",继续坚持勤俭办一切事业的方针,严格控制党政机关办公楼等楼堂馆所建设,积极倡导和形成节俭简朴、厉行节约的良好风气,为全社会做好表率。

二、进一步明确党政机关办公楼等楼堂馆所建设项目的审批权限

所有新建、改扩建、迁建、购置、装修改造党政机关办公楼项目,必须严格履行审批程序。省及计划单列市党政机关办公楼建设项目,报省政府同意后,由省发改委上报国家发展改革委核报国务院审批;省直厅(局)级单位及其直属事业单位和市、县(市、区)党政机关办公楼建设项目,由省发改委核报省政府审批;市、县(市、区)党政机关直属单位(含直属事业单位)和乡镇党政机关办公楼建设项目,由市发改委核报市政府审批。今后一律不再审批党政机关新建、改扩建包括培训中心在内的各类具有住宿、会议、餐饮等接待功能的设施或场所建设项目。

三、进一步控制党政机关办公楼的建设标准

党政机关办公楼建设必须体现庄重、朴素、实用和节约资源的原则。办公楼建筑面积标准、各级领导干部办公室的使用面积标准要严格按照原国家计委《关于印发党政机关办公用房建设标准的通知》(计投资〔1999〕2250 号)规定执行。办公楼入口不得设置大门厅,门厅高度不得超过两层楼高;不得在建筑物内设置阳光房、采光中厅、室内花园、景观走廊等;不得以任何理由在办公区域内建设阶梯式和有舞台灯光音响、舞台机械、同声传译的会堂、报告厅、大型会议室;不得搞豪华装修,电梯、空调、供配电、弱电等设备以及各类建筑材料均应选用高效、节能、环保的国产产品,并严格执行《公共建筑节能设计标准》。

实行限额设计,严格控制党政机关办公楼工程造价标准。党政机关办公楼单位综合造价(不含土地有关费用及市政配套建设费),省级不得超过 4 000 元 / 平方米,市(厅)级不得超过 3 000 元 / 平方米,县(处)级及以下单位不得超过 2 500 元 / 平方米。

四、进一步规范党政机关办公楼建设的资金来源

党政机关和参照公务员法管理的事业单位办公楼项目建设投资,统一由政府预算内投资安排,由财政部门审核,不得使用银行贷款,不得接受任何形式的赞助或捐赠,不得搞任何形式的集资或摊派,不得向其他单位借款,不得让施工单位垫资,严禁挪用各类专项资金。土地收益和资产转让收益要按照有关规定严格实行收支两条线管理,不得直接用于办公楼建设。其他事业单位办公楼项目建设,在申报项目时应出具财政部门对投资资金的审核意见,财政部门应对其投资资金来源的真实性、合法性进行认真审核。

五、进一步加强党政机关办公楼建设的综合管理

加强党政机关办公楼项目的审批管理。严格执行《浙江省政府投资项目管理办法》（省政府令第185号），项目建议书、可行性研究报告应由符合资质的工程咨询机构编制，初步设计和项目概算应由符合资质的设计单位依照批准的可行性研究报告编制，并委托符合资质的中间机构出具咨询评估报告。项目建议书报政府审批后由发展改革部门批复，可行性研究报告、初步设计和项目概算由发展改革部门批复，但不得突破经政府批准的建设规模和总投资。除明显物价上涨以及国家政策性调整、自然灾害等不可抗力因素外，经批准的初步设计概算一律不得突破和调整。确需调整建设内容和投资的，要按照规定程序由发展改革部门核报政府批准。投资和规模较大的党政机关办公楼建设项目，发展改革部门应对项目施工图进行复核，对不按初步设计和投资概算批复要求编制的施工图，建设和设计单位必须按要求进行修改。省发改委要抓紧制定党政机关办公楼项目施工图复核的具体办法。

加强党政机关办公楼建设的资金管理。对未经审批的党政机关办公楼建设项目，财政部门一律不下达资金预算；对安排财政性资金的党政机关办公楼建设项目积极推行财政资金国库集中支付制度。加强资金拨付审核，严格按照批准的预算、建设合同和工程进度拨付资金，对每笔工程建设资金，都要做到先评审再拨付。财政性资金不得安排用于各地各部门所属的包括培训中心在内的各类具有住宿、会议、餐饮等接待功能的设施或场所的建设和维修改造。对未经批准的超规模、超标准、超投资概算资金，财政部门一律不予追加预算和拨付资金。

加强党政机关办公楼项目的建设管理。党政机关办公楼建设项目实行代建制，严格执行《浙江省政府投资项目实施代建制暂行规定》（浙发改法规〔2005〕130号），加快推行由专业化项目管理单位组织实施项目建设、建成后移交给使用单位的建设管理模式，不再由使用单位自行组织建设。严格按照经核准的施工图进行建设，任何单位和个人不得随意干涉。项目建成交付使用前，应由发展改革、纪检监察、审计、财政、国土资源、建设、机关事务管理等单位组成联合检查组，对项目建设规模、建设标准、投资、单位综合造价、资金来源等进行全面检查。

加强党政机关办公楼的使用管理。积极创造条件盘活行政事业单位办公楼存量资源，增加存量供给。对办公用房确有困难的，应首先考虑从现有党政机关办公用房存量中调剂解决；确需新建、改扩建的，鼓励打破系统、部门之间界限，实行集中建设。

浙江省机关事务管理局
关于印发《浙江省省级机关事业单位办公用房管理办法》的通知

浙委办发〔2015〕15 号

省直各有关单位：

为进一步规范办公用房管理，我局根据《省级机关办公用房统一管理工作实施意见》（浙委办发〔2015〕15 号）制定了《浙江省省级机关事业单位办公用房管理办法》，已报经省政府同意，现印发给你们，请认真遵照执行。

浙江省机关事务管理局
2016 年 6 月 14 日

浙江省省级机关事业单位办公用房管理办法

第一章 总　则

第一条 为规范省级机关事业单位办公用房管理，优化办公用房资源配置，提高使用效益，保障省级机关事业单位工作正常运行，根据《机关事务管理条例》《党政机关办公用房建设标准》和《浙江省机关事务管理办法》《省级机关事业单位办公用房统一管理工作实施意见》，结合实际制定本办法。

第二条 省级党的机关、人大机关、行政机关、政协机关、审判机关、检察机关、民主党派机关、人民团体机关以及纳入统一管理范围事业单位（以下简称省级机关事业单位）经批准资产划转到省机关事务管理局的办公用房，适用本办法。

本办法所称办公用房包括办公室、服务用房、设备用房、附属用房、业务用房等以及相应土地。

第三条 省级机关事业单位办公用房管理、维修、建设等经费由省财政统一保障。

第四条 省级机关事业单位办公用房实行信息化管理，省机关事务管理局应当加强信息化技术应用，促进办公用房标准化、规范化管理。

第二章 权属管理

第五条 省级机关事业单位办公用房权属统一登记在省机关事务管理局名下，实行统一管理。办公用房权属管理包括权属的接收、登记以及产权产籍综合管理。

第六条 办公用房因拆迁、处置等原因权属发生变化的，省机关事务管理局负责办理初始、转移、注销等登记手续。

第七条 办公用房处置按照省级行政事业单位国有资产管理有关规定执行，由省机关事务管理局报省财政厅审批后办理。

第八条 省机关事务管理局负责办公用房产籍综合管理，建立产籍管理制度，做好产权证书、产籍资料等建档及日常管理工作。

第九条 省机关事务管理局应加强办公用房权属动态管理，每年定期复核办公用房权属情况，及时进行数据更新。

办公用房产权划转后，由省机关事务管理局负责建卡建账，统一财务核算，并按照国有资产管理信息化要求，将办公用房资产数据及相关变动信息及时录入省级行政事业单位资产管理信息系统，实行动态管理，确保账卡相符，账实相符。

第三章 调配管理

第十条 省机关事务管理局负责省级机关事业单位办公用房的接收、分配、调整、租用审批等调配管理。

第十一条 省级机关事业单位办公用房面积配置标准参照《党政机关办公用房建设标准》（发改投资〔2014〕2674号）执行。

业务用房按照国家有关配置标准执行。

第十二条 省级机关事业单位办公用房面积超过《党政机关办公用房建设标准》（发改投资〔2014〕2674号）的，超标部分应及时腾退，移交省机关事务管理局。

省级机关事业单位机构撤销，办公用房由省机关事务管理局接收。

省级机关事业单位机构合并、编制精简或改建、扩建办公用房，应向省机关事务管理局提交办公用房使用安排方案，重新核定办公用房面积，超标部分移交省机关事务管理局。

省级机关事业单位搬入新建（购置）办公用房，按照"建新交旧"原则，原办公用房移交省机关事务管理局。

第十三条 省级机关事业单位机构增设、编制增加或现办公用房面积不达标的，可向省机关事务管理局申请配置办公用房，省机关事务管理局按照"集中、就近、适用"原则，在现有办公用房中调剂解决。

第十四条 省级机关事业单位申请配置办公用房，按以下程序办理：

（一）申请单位向省机关事务管理局提出申请。

下属单位按行政隶属关系由主管厅局提出申请。

（二）省机关事务管理局进行面积核定并确定房源。

（三）省机关事务管理局向申请单位下达办公用房调配单，并与使用单位签订办公用房使用协议，办理办公用房交接手续。

第十五条 办公用房确实无法调剂解决的，省级机关事业单位可申请租用办公用房，按以下程序办理：

（一）申请单位向省机关事务管理局提出申请。

（二）省机关事务管理局进行面积核定，并向申请单位下达批复意见。

（三）申请单位根据批复意见向省财政厅申请租用经费。

（四）申请单位办理租赁手续，租赁合同报省机关事务管理局备案。合同期满需续租的，应提前三个月重新办理报批手续。

第十六条 经省人民政府同意，省机关事务管理局可对省级机关事业单位办公用房进行整体调整。

省级机关事业单位搬入新调整办公用房后，按照"调新交旧"原则，原办公用房移交省机关事务管理局。

第四章 使用管理

第十七条 省级机关事业单位与省机关事务管理局签订办公用房使用协议，负责办公用房日常使用管理，享有办公用房使用权，在核定办公用房范围内自主安排、合理使用。

第十八条 省级机关事业单位应定期对办公用房和设施设备等进行检查，确保办公用房功能完整和使用安全。

省级机关事业单位可通过购买物业服务方式管理办公用房。

第十九条 省级机关事业单位应建立办公用房使用台账，每年向省机关事务管理局报送办公用房使用管理情况。

第二十条 省级机关事业单位未经批准不得将办公用房出租、出借和调整给其他单位使用，不得改变办公用房用途,不得改变办公用房主体结构。

业务用房、其他配套用房等办公用房用于出租的,由省机关事务管理局按照《浙江省行政事业单位国有资产使用管理暂行办法》办理手续,负责对外招租。租金收入按规定上缴财政。

在办公用房产权划转前已经出租尚未到期的,应当变更租赁合同(协议),由省机关事务管理局作为出租人重新签订租赁合同(协议)。

第五章　维 修 管 理

第二十一条　办公用房维修应遵循经济、适用、安全的原则,按国家及省有关标准和规定执行。

第二十二条　办公用房维修分为大、中、小型维修。大修,指对办公用房及其设施进行的全面修复;中修,指对办公用房及其设施进行的局部修复;小修,指对办公用房及其设施进行的及时修复和日常维护、保养。

办公用房大中修的内容包括地基基础、承重围护、装饰装修、给水排水、供热采暖、空调通风、电气、电梯、消防、通信、智能等系统以及办公区域内道路、绿化的维修改造。

第二十三条　办公用房使用单位每年 3 月底前向省机关事务管理局提出下一年度大中修项目申请,省机关事务管理局负责调查核实。确需维修的办公用房,由省机关事务管理局按照《浙江省政府投资项目管理办法》(省政府令第 185 号)规定,统一报省发展和改革委员会、省财政厅批准后组织实施。

第二十四条　办公用房维修项目的设计、施工、监理等应按招投标有关法律法规实行招投标制度。

第二十五条　办公用房维修项目竣工后,由省机关事务管理局会同使用单位组织验收,进行项目竣工财务决算;设计、施工、验收等文件由省机关事务管理局统一归档;房屋、设施价值变动的,由省机关事务管理局按照行政事业单位财务管理和会计制度相关规定及时调整相关账务。

第二十六条　办公用房小修由各使用单位负责,维修经费列入各使用单位部门年度预算。

第六章　建 设 管 理

第二十七条　办公用房建设应当根据办公用房现状、使用需求和城市总体规划,遵循合理布局、相对集中原则,统筹安排建设计划,严格执行《党政机关办公用房建设标准》(发改投资〔2014〕2674 号)。

第二十八条　办公用房建设包括新建、购置、改建和扩建。

第二十九条　办公用房使用单位向省机关事务管理局提出办公用房建设申请,由省机关事务管理局按照《浙江省政府投资项目管理办法》(省政府令第 185 号)规定,统一报省发展和改革委员会、省财政厅批准后组织实施。

第三十条　办公用房建设项目的设计、施工、监理等应按招投标有关法律法规实行招投标制度。

第三十一条　办公用房建设项目竣工后,由省机关事务管理局会同使用单位组织验收,进行项目竣工财务决算,并按照行政事业单位财务管理和会计制度相关规定及时调整相关账务,办理办公用房权属登记。设计、施工、验收等文件由省机关事务管理局统一归档。

第七章　监 督 管 理

第三十二条　省机关事务管理局会同有关部门,根据职责分工,依照有关法律法规,对省级机关事业单位办公用房权属、调配、使用、维修、建设等加强监督检查。

第三十三条　对办公用房权属管理、调配、使用、维修、建设过程中出现的各类违法违纪行为,按照《机关事务管理条例》、《浙江省机关事务管理办法》等有关规定处置。

第八章　附　　则

第三十四条　本办法自印发之日起施行。

第三十五条　本办法由省机关事务管理局负责解释。

附件:省级机关事业单位办公用房面积配置标准

附件

省级机关事业单位办公用房面积配置标准

<table>
<tr><th>类别</th><th>适用对象</th><th>办公室使用面积（平方米 / 人）</th><th>服务用房使用面积（平方米 / 人）</th><th>设备用房使用面积（平方米/人）</th><th>附属用房建筑面积（平方米/人）</th></tr>
<tr><td rowspan="7">省级机关</td><td>省级正职</td><td>54</td><td rowspan="7">每人使用面积 7 ~ 9 平方米，200 人及以下取上限，400 人及以上取下限，中间值用公式（1 100–x）/100 计算确定</td><td rowspan="13">按办公室和服务用房使用面积之和的 9% 核定</td><td rowspan="13">食堂餐厅及厨房建筑面积编制定员 100 人及以下的，人均建筑面积 3.7 平方米，超过 100 人的，超出人员的人均建筑面积为 2.6 平方米；警卫用房按警卫编制定员人均建筑面积 25 平方米</td></tr>
<tr><td>省级副职</td><td>42</td></tr>
<tr><td>正厅（局）级</td><td>30</td></tr>
<tr><td>副厅（局）级</td><td>24</td></tr>
<tr><td>正处级</td><td>18</td></tr>
<tr><td>副处级</td><td>12</td></tr>
<tr><td>处级以下</td><td>9</td></tr>
<tr><td rowspan="3">处级事业单位</td><td>正局（处）级</td><td>24</td><td rowspan="3">每人使用面积 6 ~ 8 平方米，200 人及以下取上限，400 人及以上取下限，中间值用公式（1 000–x）/ 100 计算确定</td></tr>
<tr><td>副局（处）级</td><td>18</td></tr>
<tr><td>局（处）级以下</td><td>9</td></tr>
<tr><td rowspan="3">科级事业单位</td><td>正科级</td><td>18</td><td rowspan="3">每人使用面积 6 ~ 8 平方米，100 人及以下取上限，200 人及以上取下限，中间值用公式（500–x）/ 50 计算确定</td></tr>
<tr><td>副科级</td><td>12</td></tr>
<tr><td>科级以下</td><td>9</td></tr>
</table>

注：表中 x 为编制定员；副厅级单位参照省级机关标准执行。

财政部关于印发《基本建设项目建设成本管理规定》的通知

财建〔2016〕504号

党中央有关部门,国务院各部委、各直属机构,军委后勤保障部,武警总部,全国人大常委会办公厅,全国政协办公厅,高法院,高检院,各民主党派中央,有关人民团体,各中央管理企业,各省、自治区、计划单列市财政厅(局),新疆生产建设兵团财务局:

为推动各部门、各地区进一步加强基本建设成本核算管理,提高资金使用效益,针对基本建设成本管理中反映出的主要问题,依据《基本建设财务规则》,现印发《基本建设项目建设成本管理规定》,请认真贯彻执行。

附件:1. 基本建设项目建设成本管理规定

2. 项目建设管理费总额控制数费率表

财政部

2016年7月6日

附件 1：

基本建设项目建设成本管理规定

第一条　为了规范基本建设项目建设成本管理，提高建设资金使用效益，依据《基本建设财务规则》（财政部令第 81 号），制定本规定。

第二条　建筑安装工程投资支出是指基本建设项目（以下简称项目）建设单位按照批准的建设内容发生的建筑工程和安装工程的实际成本，其中不包括被安装设备本身的价值，以及按照合同规定支付给施工单位的预付备料款和预付工程款。

第三条　设备投资支出是指项目建设单位按照批准的建设内容发生的各种设备的实际成本（不包括工程抵扣的增值税进项税额），包括需要安装设备、不需要安装设备和为生产准备的不够固定资产标准的工具、器具的实际成本。

需要安装设备是指必须将其整体或几个部位装配起来，安装在基础上或建筑物支架上才能使用的设备。不需要安装设备是指不必固定在一定位置或支架上就可以使用的设备。

第四条　待摊投资支出是指项目建设单位按照批准的建设内容发生的，应当分摊计入相关资产价值的各项费用和税金支出。主要包括：

（一）勘察费、设计费、研究试验费、可行性研究费及项目其他前期费用；

（二）土地征用及迁移补偿费、土地复垦及补偿费、森林植被恢复费及其他为取得或租用土地使用权而发生的费用；

（三）土地使用税、耕地占用税、契税、车船税、印花税及按规定缴纳的其他税费；

（四）项目建设管理费、代建管理费、临时设施费、监理费、招标投标费、社会中介机构审查费及其他管理性质的费用；

（五）项目建设期间发生的各类借款利息、债券利息、贷款评估费、国外借款手续费及承诺费、汇兑损益、债券发行费用及其他债务利息支出或融资费用；

（六）工程检测费、设备检验费、负荷联合试车费及其他检验检测类费用；

（七）固定资产损失、器材处理亏损、设备盘亏及毁损、报废工程净损失及其他损失；

（八）系统集成等信息工程的费用支出；

（九）其他待摊投资性质支出。

项目在建设期间的建设资金存款利息收入冲减债务利息支出，利息收入超过利息支出的部分，冲减待摊投资总支出。

第五条　项目建设管理费是指项目建设单位从项目筹建之日起至办理竣工财务决算之日止发生的管理性质的支出。包括：不在原单位发工资的工作人员工资及相关费用、办公费、办公场地租用费、差旅交通费、劳动保护费、工具用具使用费、固定资产使用费、招募生产工人费、技术图书资料费（含软件）、业务招待费、施工现场津贴、竣工验收费和其他管理性质开支。

项目建设单位应当严格执行《党政机关厉行节约反对浪费条例》，严格控制项目建设管理费。

第六条　行政事业单位项目建设管理费实行总额控制，分年度据实列支。总额控制数以项目审批部门批准的项目总投资（经批准的动态投资，不含项目建设管理费）扣除土地征用、迁移补偿等为取得或租用土地使用权而发生的费用为基数分档计算。具体计算方法见附件。

建设地点分散、点多面广、建设工期长以及使用新技术、新工艺等的项目，项目建设管理费确需超过上述开支标准的，中央级项目，应当事前报项目主管部门审核批准，并报财政部备案，未经批准的，超标准发生的项目建设管理费由项目建设单位用自有资金弥补；地方级项目，由同级财政部门确定审核批准的要求和程序。

施工现场管理人员津贴标准比照当地财政部门制定的差旅费标准执行；一般不得发生业务招待费，确需列支的，项目业务招待费支出应当严格按照国家有关规定执行，并不得超过项目建设管理费的 5%。

第七条 使用财政资金的国有和国有控股企业的项目建设管理费，比照第六条规定执行。国有和国有控股企业经营性项目的项目资本中，财政资金所占比例未超过 50% 的项目建设管理费可不执行第六条规定。

第八条 政府设立（或授权）、政府招标产生的代建制项目，代建管理费由同级财政部门根据代建内容和要求，按照不高于本规定项目建设管理费标准核定，计入项目建设成本。

实行代建制管理的项目，一般不得同时列支代建管理费和项目建设管理费，确需同时发生的，两项费用之和不得高于本规定的项目建设管理费限额。

建设地点分散、点多面广以及使用新技术、新工艺等的项目，代建管理费确需超过本规定确定的开支标准的，行政单位和使用财政资金建设的事业单位中央项目，应当事前报项目主管部门审核批准，并报财政部备案；地方项目，由同级财政部门确定审核批准的要求和程序。

代建管理费核定和支付应当与工程进度、建设质量结合，与代建内容、代建绩效挂钩，实行奖优罚劣。同时满足按时完成项目代建任务、工程质量优良、项目投资控制在批准概算总投资范围 3 个条件的，可以支付代建单位利润或奖励资金，代建单位利润或奖励资金一般不得超过代建管理费的 10%，需使用财政资金支付的，应当事前报同级财政部门审核批准；未完成代建任务的，应当扣减代建管理费。

第九条 项目单项工程报废净损失计入待摊投资支出。

单项工程报废应当经有关部门或专业机构鉴定。非经营性项目以及使用财政资金所占比例超过项目资本 50% 的经营性项目，发生的单项工程报废经鉴定后，报项目竣工财务决算批复部门审核批准。

因设计单位、施工单位、供货单位等原因造成的单项工程报废损失，由责任单位承担。

第十条 其他投资支出是指项目建设单位按照批准的项目建设内容发生的房屋购置支出，基本畜禽、林木等的购置、饲养、培育支出，办公生活用家具、器具购置支出，软件研发及不能计入设备投资的软件购置等支出。

第十一条 本规定自 2016 年 9 月 1 日起施行。《财政部关于切实加强政府投资项目代建制财政财务管理有关问题的指导意见》（财建〔2004〕300 号）同时废止。

附件 2：

项目建设管理费总额控制数费率表

单位：万元

工程总概算	费率(%)	算 例	
		工程总概算	项目建设管理费
1 000 以下	2	1 000	1 000 × 2%=20
1 001–5 000	1.5	5 000	20+（5 000–1 000）× 1.5%=80
5 001–10 000	1.2	10 000	80+（10 000–5 000）× 1.2%=140
10 001–50 000	1	50 000	140+（50 000–10 000）× 1%=540
50 001–100 000	0.8	100 000	540+（100 000–50 000）× 0.8%=940
100 000 以上	0.4	200 000	940+（200 000–100 000）× 0.4%=1 340

浙江省住房和城乡建设厅《关于做好房屋建筑和市政工程勘察外业见证工作的通知》

建设发〔2012〕168号

各市建委(建设局),绍兴市建管局、义乌市建设局,各勘察设计单位:

为进一步规范工程勘察外业行为,确保工程勘察质量,根据《建设工程勘察设计管理条例》、《浙江省建设工程勘察设计管理条例》、《建设工程勘察质量管理办法》(建设部令第163号)等相关法律法规和我厅《关于进一步加强工程勘察质量管理的意见》(浙建设〔2012〕50号)有关规定,现就加强房屋建筑和市政工程勘察外业管理工作通知如下:

一、我省房屋建筑和市政工程的勘察作业,应当根据国家有关法律法规和我厅浙建设〔2012〕50号文件规定实施外业见证工作。

二、工程勘察外业见证,可以由建设单位指派本单位的外业见证员实施。建设单位没有外业见证员的,应委托具备相应工程勘察资质且与本项目勘察单位无利益关系的工程勘察企业实施外业见证。其中甲级勘察工程、一级基坑勘察工程和当地建设行政主管部门认为需要加强监管的其他工程勘察项目,原则上应当委托具备甲级工程勘察资质的第三方实施见证。建设单位或其委托的外业见证单位对工程勘察外业过程的真实性承担相应法律责任。

三、工程勘察外业见证员应当熟悉现行工程勘察标准并具有工程勘察相关工作经验。外业见证员应经专业培训、考试合格并取得外业见证员岗位证书。外业见证员培训上岗制度从2012年9月1日起实施,其中2012年9月1日至2014年8月31日为过渡期。过渡期间,除按规定取得外业见证员岗位证书人员外,具有注册土木工程师(岩土)资格的专业技术人员、经设区市建设行政主管部门认定的岩土工程勘察及相近专业毕业且具有中级以上职称并有1年以上连续从事工程勘察经历的专业技术人员和其他具备外业见证能力的专业技术人员,可以从事外业见证工作。外业见证员不得以个人名义承接外业见证业务。

四、工程勘察企业应当按规定在现场钻探工作开始前48小时内向项目所在地建设行政主管部门报送《房屋建筑和市政工程勘察项目信息报备表》(附件1),内容包括项目合同情况、勘察方案、外业开始及计划完成时间和工程勘察现场作业人员等信息。信息报送前应经见证单位或建设单位审核签章。

五、见证单位应当根据工程勘察项目规模、重要程度、同时施工的钻机数量等因素安排必要数量的外业见证员开展工作。见证工作应当与工程勘察外业同步进行。外业见证员在工程勘察外业现场以旁站的方式对以下工作内容进行现场检查、核实:

(一)工程勘察企业资质情况;

(二)外业作业人员人数、资格;

(三)外业作业原始记录:

1. 勘探定点、控制性坐标及控制点的可追溯性;

2. 钻孔单孔孔深及钻探工作量;

3. 单孔回次进尺、岩芯长度及采取率;

4. 单孔采取原状及扰动土样数量和质量;

5. 单孔采取岩石试料数量;

6. 单孔是否观测过初见或稳定水位,采取地下水试样(含地表水)数量及稳定剂添加情况;

7. 单孔进行原位测试类别及数量和质量；

8. 其他需见证的原始记录。

六、工程勘察的原始记录严禁离开外业追记或者补记。在钻孔及静探孔终孔时，外业见证员应填写《钻孔外业见证确认表》（附件 2）和《静探孔外业见证确认表》（附件 3），并经见证单位确认后签字、盖章。

七、工程勘察项目完成后，外业见证员和见证单位应对见证内容提交《房屋建筑和市政工程勘察外业见证报告》（附件 4）。外业见证报告应附《房屋建筑和市政工程勘察外业实物工作量见证验收一览表》（附件 5）。由建设单位自行见证的，外业见证报告经外业见证员签字后，由建设单位负责人（或技术负责人）签字并加盖单位公章予以确认；委托第三方见证的，外业见证报告经外业见证员签字后，由第三方法定代表人（或技术负责人）签字并加盖单位公章予以确认。

八、外业见证员有权督促工程勘察企业及工程勘察人员对影响工程勘察质量和弄虚作假的行为进行整改。情节严重的，责令暂停工程勘察作业，并及时通报建设单位；对拒不整改或者应停止工程勘察作业而拒不停止的，见证单位应及时向当地建设行政主管部门报告。

九、签署齐全的《房屋建筑和市政工程勘察外业见证报告》是工程勘察成果文件的重要组成部分，由建设行政主管部门、建设单位、见证单位、工程勘察单位和施工图审查机构存档备查。对未提交外业见证报告或与外业见证报告记录不符的工程勘察文件，施工图设计文件审查机构不得出具审查合格书，工程设计单位不得作为建设项目设计的依据。过渡期内对未按规定开展工程勘察外业见证的，应责令建设单位委托具有甲级工程勘察资质的第三方按不小于勘探孔总数的 10% 进行外业抽查验证工作，符合后方可提交施工图设计文件审查。

十、见证单位和外业见证员要按有关规定认真履行职责，如实记录工程勘察外业见证情况，确保见证资料真实可靠。各地建设行政主管部门要依法严肃处理在外业见证中玩忽职守、弄虚作假等违规行为，并记入单位和个人不良行为记录、向社会公示。有关责任人员属于取得岗位证书人员的，按有关规定收回岗位证书。

附件：1. 房屋建筑和市政工程勘察项目信息报备表（略）

2. 钻孔外业见证确认表（略）

3. 静探孔外业见证确认表（略）

4. 房屋建筑和市政工程勘察外业见证报告（略）

5. 房屋建筑和市政工程勘察外业实物工作量见证验收一览表（略）

二〇一二年七月三十日

国家发展改革委关于进一步放开建设项目专业服务价格的通知

发改价格〔2015〕299号

国务院有关部门、直属机构,各省、自治区、直辖市发展改革委、物价局:

为贯彻落实党的十八届三中全会精神,按照国务院部署,充分发挥市场在资源配置中的决定性作用,决定进一步放开建设项目专业服务价格。现将有关事项通知如下:

一、在已放开非政府投资及非政府委托的建设项目专业服务价格的基础上,全面放开以下实行政府指导价管理的建设项目专业服务价格,实行市场调节价。

(一)建设项目前期工作咨询费,指工程咨询机构接受委托,提供建设项目专题研究、编制和评估项目建议书或者可行性研究报告,以及其他与建设项目前期工作有关的咨询等服务收取的费用。

(二)工程勘察设计费,包括工程勘察收费和工程设计收费。工程勘察收费,指工程勘察机构接受委托,提供收集已有资料、现场踏勘、制定勘察纲要,进行测绘、勘探、取样、试验、测试、检测、监测等勘察作业,以及编制工程勘察文件和岩土工程设计文件等服务收取的费用;工程设计收费,指工程设计机构接受委托,提供编制建设项目初步设计文件、施工图设计文件、非标准设备设计文件、施工图预算文件、竣工图文件等服务收取的费用。

(三)招标代理费,指招标代理机构接受委托,提供代理工程、货物、服务招标,编制招标文件、审查投标人资格,组织投标人踏勘现场并答疑,组织开标、评标、定标,以及提供招标前期咨询、协调合同的签订等服务收取的费用。

(四)工程监理费,指工程监理机构接受委托,提供建设工程施工阶段的质量、进度、费用控制管理和安全生产监督管理、合同、信息等方面协调管理等服务收取的费用。

(五)环境影响咨询费,指环境影响咨询机构接受委托,提供编制环境影响报告书、环境影响报告表和对环境影响报告书、环境影响报告表进行技术评估等服务收取的费用。

二、上述5项服务价格实行市场调节价后,经营者应严格遵守《价格法》、《关于商品和服务实行明码标价的规定》等法律法规规定,告知委托人有关服务项目、服务内容、服务质量,以及服务价格等,并在相关服务合同中约定。经营者提供的服务,应当符合国家和行业有关标准规范,满足合同约定的服务内容和质量等要求。不得违反标准规范规定或合同约定,通过降低服务质量、减少服务内容等手段进行恶性竞争,扰乱正常市场秩序。

三、各有关行业主管部门要加强对本行业相关经营主体服务行为监管。要建立健全服务标准规范,进一步完善行业准入和退出机制,为市场主体创造公开、公平的市场竞争环境,引导行业健康发展;要制定市场主体和从业人员信用评价标准,推进工程建设服务市场信用体系建设,加大对有重大失信行为的企业及负有责任的从业人员的惩戒力度。充分发挥行业协会服务企业和行业自律作用,加强对本行业经营者的培训和指导。

四、政府有关部门对建设项目实施审批、核准或备案管理,需委托专业服务机构等中介提供评估评审等服务的,有关评估评审费用等由委托评估评审的项目审批、核准或备案机关承担,评估评审机构不得向项目单位收取费用。

五、各级价格主管部门要加强对建设项目服务市场价格行为监管,依法查处各种截留定价权,利用行政权力指定服务、转嫁成本,以及串通涨价、价格欺诈等行为,维护正常的市场秩序,保障市场主体合法权益。

六、本通知自2015年3月1日起执行。此前与本通知不符的有关规定,同时废止。

财政部关于取消、停征和整合部分政府性基金项目等有关问题的通知

财税〔2016〕11号

发展改革委、国土资源部、农业部、教育部、商务部、水利部、三峡办、国家林业局，各省、自治区、直辖市、计划单列市财政厅（局）：

经国务院批准，现就取消、停征和整合有关政府性基金政策通知如下：

一、将新菜地开发建设基金征收标准降为零。该基金征收标准降为零后，各地要完善财政保障机制，加大土地出让收入对蔬菜生产的支持。

二、将育林基金征收标准降为零。该基金征收标准降为零后，通过增加中央财政均衡性转移支付、中央财政林业补助资金、地方财政加大预算保障力度等，确保地方森林资源培育、保护和管理工作正常开展。

三、停征价格调节基金。该基金停止通过向社会征收方式筹集，所需资金由各地根据实际情况，通过地方同级预算统筹安排，保障调控价格、稳定市场工作正常开展。

四、将散装水泥专项资金并入新型墙体材料专项基金。停止向水泥生产企业征收散装水泥专项资金。将预拌混凝土、预拌砂浆、水泥预制件列入新型墙体材料目录，纳入新型墙体材料专项基金支持范围，继续推动散装水泥生产使用。

五、将大中型水库移民后期扶持基金、跨省（区、市）大中型水库库区基金、三峡水库库区基金合并为中央水库移民扶持基金。将省级大中型水库库区基金、小型水库移民扶助基金合并为地方水库移民扶持基金。具体征收政策、收入划分、使用范围等仍按现行规定执行，今后根据水库移民扶持工作需要适时完善分配使用政策。

六、各地区、各有关部门要严格执行本通知规定，对公布取消或停征的政府性基金项目，不得以任何理由拖延或者拒绝执行，不得以其他名目变相继续收取。各省、自治区、直辖市、计划单列市财政部门要对本地区的政府性基金项目进行全面清理。凡违反政府性基金审批管理规定，越权出台的基金项目要一律取消。对按照法律法规和国家有关政策规定设立的政府性基金项目，要严格按照相关政策规定执行，不得擅自扩大征收范围、提高征收标准或另行加收任何费用。

七、各级财政部门要做好经费保障工作，妥善安排相关部门和单位预算，保障工作正常开展，积极支持相关事业发展。

八、本通知自2016年2月1日起执行。

财政部

2016年1月29日

财政部关于取消 调整部分政府性基金有关政策的通知

财税〔2017〕18 号

发展改革委、住房城乡建设部、商务部、水利部、税务总局、中国残联,各省、自治区、直辖市财政厅(局):

为切实减轻企业负担,促进实体经济发展,经国务院批准,现就取消、调整部分政府性基金有关政策通知如下:

一、取消城市公用事业附加和新型墙体材料专项基金。以前年度欠缴或预缴的上述政府性基金,相关执收单位应当足额征收或及时清算,并按照财政部门规定的渠道全额上缴国库或多退少补。

二、调整残疾人就业保障金征收政策

(一)扩大残疾人就业保障金免征范围。将残疾人就业保障金免征范围,由自工商注册登记之日起3年内,在职职工总数 20 人(含)以下小微企业,调整为在职职工总数 30 人(含)以下的企业。调整免征范围后,工商注册登记未满 3 年、在职职工总数 30 人(含)以下的企业,可在剩余时期内按规定免征残疾人就业保障金。

(二)设置残疾人就业保障金征收标准上限。用人单位在职职工年平均工资未超过当地社会平均工资(用人单位所在地统计部门公布的上年度城镇单位就业人员平均工资)3 倍(含)的,按用人单位在职职工年平均工资计征残疾人就业保障金;超过当地社会平均工资 3 倍以上的,按当地社会平均工资 3 倍计征残疾人就业保障金。用人单位在职职工年平均工资的计算口径,按照国家统计局关于工资总额组成的有关规定执行。

三、"十三五"期间,省、自治区、直辖市人民政府可以结合当地经济发展水平、相关公共事业和设施保障状况、社会承受能力等因素,自主决定免征、停征或减征地方水利建设基金、地方水库移民扶持基金。各省、自治区、直辖市财政部门应当将本地区出台的减免政策报财政部备案。

四、各级财政部门要切实做好经费保障工作,妥善安排相关部门和单位预算,保障其依法履行职责,积极支持相关事业发展。

五、各地区、有关部门和单位要通过广播、电视、报纸、网络等媒体,加强政策宣传解读,及时发布信息,做好舆论引导。

六、各地区、有关部门和单位要严格执行政府性基金管理有关规定,对公布取消、调整或减免的政府性基金,不得以任何理由拖延或者拒绝执行。有关部门要加强政策落实情况的监督检查,对违反规定的,应当按照《预算法》、《财政违法行为处罚处分条例》等法律、行政法规规定予以处理。

七、本通知自 2017 年 4 月 1 日起执行。《财政部关于征收城市公用事业附加的几项规定》(〔64〕财预王字第 380 号)、《财政部国家发展改革委关于印发〈新型墙体材料专项基金征收使用管理办法〉的通知》(财综〔2007〕77 号)同时废止。

财政部

2017 年 3 月 15 日

财政部、国家发展改革委
关于清理规范一批行政事业性收费有关政策的通知

财税〔2017〕20号

中央党校、中直管理局，国务院各部委、各直属机构，高法院、高检院，共青团中央，各省、自治区、直辖市财政厅（局）、发展改革委、物价局，新疆生产建设兵团财务局、发展改革委：

为切实减轻企业和个人负担，促进实体经济发展，经国务院批准，现将清理规范行政事业性收费有关政策通知如下：

一、自2017年4月1日起，取消或停征41项中央设立的行政事业性收费（具体项目见附件），将商标注册收费标准降低50%。

二、有关部门和单位应当到财政部门办理财政票据缴销手续。以前年度欠缴的上述行政事业性收费，有关部门和单位应当足额征收，并按照财政部门规定的渠道全额上缴国库。

三、取消、停征或减免上述行政事业性收费后，有关部门和单位依法履行管理职能所需相关经费，由同级财政预算予以保障，不得影响依法履行职责。其中，行政单位和财政补助事业单位有关经费支出，纳入相关单位预算予以保障；经费自理事业单位有关经费支出，通过安排其上级主管部门项目支出的方式予以解决。中央财政通过一般性转移支付妥善解决财政困难地区的经费保障问题。

四、各省、自治区、直辖市财政部门会同有关部门要对本地区出台的行政事业性收费政策进行全面清理，并于2017年4月30日前，将清理规范情况报送财政部。对确需保留的行政事业性收费项目，要实施目录清单管理，主动接受社会监督。对中央设立的行政事业性收费，要严格按照国家规定执行，不得擅自改变征收范围、征收标准或另行加收任何费用。

五、各地区、有关部门和单位要通过广播、电视、报纸、网络等媒体，加强政策宣传解读，及时发布信息，做好舆论引导。

六、各地区、有关部门和单位应当严格按照行政事业性收费管理规定，对须取消、停征或减免的行政事业性收费，不得以任何理由拖延或者拒绝执行。有关部门要加强政策落实情况的监督检查，对违反规定的，应当按照《预算法》《价格法》《财政违法行为处罚处分条例》等法律、行政法规规定予以处理。

七、本通知自印发之日起执行。

附件：取消或停征的行政事业性收费项目（略）

财政部　国家发展改革委

2017年3月15日

浙江省物价局关于停止收取和降低部分涉企服务收费的通知

浙价服〔2016〕168号

各市、县(市、区)物价局,杭州海关、宁波海关、省气象局:

根据省委省政府降低企业成本优化发展环境的一系列要求和省政府深化行政审批制度改革专题会议精神,为减轻企业负担,促进实体经济发展和转型升级,经研究,决定停止收取和降低部分涉企服务收费,具体事项通知如下:

一、停止收取《浙江省物价局关于降低和规范电子口岸企业数字证书收费的通知》(浙价服〔2013〕130号)、《浙江省物价局关于降低和规范电子口岸通关服务相关收费的通知》(浙价服〔2013〕131号)和《浙江省物价局关于规范宁波海关电子口岸通关服务相关收费的通知》(浙价服〔2014〕52号)规定的相关收费。

二、停止收取防雷设计技术评价和电磁环境检测评估收费。降低企业委托的防雷检测收费标准,其基准价按浙价服〔2008〕267号规定标准的50%执行,执行期限为2016年11月1日至2019年10月31日,为期3年。

上述规定自2016年11月1日起执行。

浙江省物价局

2016年10月21日

备注:部分失效,其中关于气象服务收费已放开。

浙江省物价局关于降低和完善部分涉企服务收费的通知

浙价服〔2015〕197号

各市、县（市、区）物价局，省建设厅、省安监局、省气象局、杭州海关、宁波海关：

根据中央和省委省政府有关稳增长、调结构的一系列政策措施要求，为减轻企业负担，促进实体经济发展和转型升级，经研究，决定降低和完善部分涉企服务收费，具体事项通知如下：

一、降低以下专业服务机构为工业企业和商贸流通企业提供的服务收费：

1. 安全评价机构提供一般项目安全评价、采掘施工企业安全评估（价）的基准收费标准按《浙江省物价局关于公布规范后的安全评价收费的通知》（浙价服〔2013〕254号）规定收费标准的70%执行。

2. 气象服务机构提供防雷检测服务、电磁环境检测评估的基准收费标准按《浙江省物价局关于规范专业气象服务收费的通知》（浙价服〔2008〕267号）规定收费标准的60%执行；防雷设计技术评价、雷击风险评估的基准收费标准按《浙江省物价局关于公布降低后的雷击风险评估防雷检测等服务收费标准的通知》（浙价服〔2013〕83号）规定收费标准的70%执行。

3. 城乡规划编制单位或规划咨询机构提供建设工程规划日照分析服务的基准收费标准按《浙江省物价局关于公布规范后的建设工程规划日照分析服务收费的通知》（浙价服〔2013〕256号）规定收费标准的70%执行。

上述降低服务收费标准的执行期限为2015年11月1日至2017年12月31日。

二、完善电子口岸收费：

自2015年11月1日起杭州海关、宁波海关电子口岸数据分中心不再收取《浙江省物价局关于降低和规范电子口岸企业数字证书收费的通知》（浙价服〔2013〕130号）中规定的“数字证书备案数据变更费”和“数字证书更新费”。

浙江省物价局

2015年9月29日

备注：部分失效，降低标准的收费已放开。

关于城市市政基础设施配套费有关征收问题的通知

浙财综〔2012〕4号

各市、县(市、区)财政局、物价局:

根据财政部、国土资源部、中国人民银行《关于加强土地成交价款管理规范资金缴库行为的通知》(财综〔2009〕89号)规定,由土地受让人承担的城市市政基础设施配套费,一律在土地成交价款之外单独收取。鉴于国家对城市市政基础设施配套费的征收政策进行了调整,按照原国家计委、财政部《关于全面整顿住房建设收费取消部分收费项目的通知》(计价格〔2001〕585号)中对城市市政基础设施配套费的有关规定,为进一步规范我省城市市政基础设施配套费征收工作,现就城市市政基础设施配套费有关征收问题通知如下:

一、征收标准。以出让方式取得土地使用权应缴纳的城市市政基础设施配套费,按照省物价局、省财政厅《关于规范城市市政基础设施配套收费标准的通知》(浙价房〔1997〕209号)和《关于规范农民建房基础设施配套费有关问题的通知》(浙价费〔2008〕159号)规定的以非出让方式取得土地使用权的征收范围和缴纳标准执行;确需突破上限标准的,需按规定报省物价局、省财政厅审批。

二、解缴要求。有关执收部门征收的城市市政基础设施配套费,应按规定及时足额上缴同级国库,填列政府收支分类科目第103类01款56项"城市基础设施配套费收入",不得与土地成交价款混库。

浙江省财政厅

二〇一二年一月九日

浙江省物价局 浙江省财政厅关于调整杭州市城市市政基础设施配套费标准的批复

浙价费〔2014〕22号

杭州市物价局、财政局：

你们《关于要求提高城市市政基础设施配套费标准的请示》（杭价费〔2013〕268号）收悉。根据省物价局、省财政厅《关于规范城市市政基础设施配套收费标准的通知》（浙价房〔1997〕209号）和《关于城市市政基础设施配套费有关征收问题的通知》（浙财综〔2012〕4号）规定，经研究，现批复如下：

一、同意杭州市城市规划区内（不含余杭、萧山）的建设项目按住宅150元/平方米、非住宅220元/平方米的标准收取城市市政基础设施配套费。

二、本批复自2014年3月1日起执行。

浙江省物价局

浙江省财政厅

2014年1月28日

浙江省物价局关于降低高可靠性供电和临时接电费用收费标准的通知

浙价资〔2017〕46号

各市、县(市、区)物价局,省电力公司:

为深入推进我省供给侧结构性改革,进一步降低企业成本,根据《浙江省人民政府办公厅关于进一步减轻企业负担降低企业成本的若干意见》(浙政办发〔2016〕152号)的要求,经研究,现将进一步降低我省高可靠性供电和临时接电费用收费标准有关事项通知如下:

一、降低高可靠性供电收费标准。对申请新装及增加用电容量的两路及以上多回路供电(含备用电源、保安电源)用电户,除供电容量最大的供电回路外,对其余供电回路按规定收取高可靠性供电费用。降低后的高可靠性供电费用收取标准见附件1。

二、降低临时接电费用标准。临时用电的电力用户应与供电企业以合同方式约定临时用电期限并预交相应容量的临时接电费用。临时用电期限一般不超过3年。在合同约定期限内结束临时用电的,预交的临时接电费用全部退还用户;确需超过合同约定期限的,由双方另行约定。降低后的临时接电费用标准见附件2。

三、符合《浙江省高新技术产业投资引导目录(2016-2020年)》规定的高新技术投资项目,经由省科技厅确认后,其高可靠性供电费用按本通知收费标准的70%执行。

四、以上规定自2017年5月1日起执行。《关于停止收取供配电贴费有关问题的补充通知》(浙价商〔2004〕138号)同时废止。各地在执行中遇到问题,请及时报告。

附件:1. 供(配)电工程高可靠性供电费用收取标准表

2. 临时接电费用收取标准表

浙江省物价局

2017年4月1日

附件 1

供(配)电工程高可靠性供电费用收取标准表

用户受电电压等级（千伏）	用户应缴纳高可靠性供电费用（元/千伏安）	其中		自建本级电压外部供电工程应缴纳高可靠性供电费用（元/千伏安）
		供电高可靠性供电费用（元/千伏安）	配电高可靠性供电费用（元/千伏安）	
0.38/0.22	250	90	160	200
10	200	110	90	150
20	180	100	80	110
35	150	150	—	70
110	70	70	—	—

附件 2

临时接电费用收取标准表

用户受电电压等级（千伏）	用户应缴纳临时接电费用（元/千伏安）	其中		自建本级电压外部供电工程应缴纳临时接电费用（元/千伏安）
		供电临时接电费用（元/千伏安）	配电临时接电费用（元/千伏安）	
0.38/0.22	250	90	160	200
10	200	110	90	150
20	180	100	80	110
35	150	150	—	70
110	70	70	—	—

浙江省物价局　浙江省财政厅　浙江省人民防空办公室关于规范和调整人防工程易地建设费的通知

浙价费〔2016〕211 号

各市、县（市、区）物价局、财政局、人民防空办公室：

为进一步规范人防工程易地建设费的收费行为，促进人民防空建设事业的健康发展，根据《浙江省实施〈中华人民共和国人民防空法〉办法》、《浙江省防空地下室管理办法》、《省委省政府省军区关于推进人民防空改革发展的实施意见》（浙委发〔2016〕4 号）、《浙江省人民政府办公厅关于进一步减轻企业负担降低企业成本的若干意见》（浙政办发〔2016〕152 号）有关规定，经省政府同意，决定适当降低调整我省人防工程易地建设费标准，并就规范人民防空建设收费有关问题一并通知如下：

一、人防工程易地建设费是社会负担的人民防空经费，收费范围是国家和省确定的人民防空重点城市、镇总体规划确定的城镇建设用地范围内，以及依法设立的开发区、工业园区、保税区（港区）和重要经济目标等区域内新建（含改建、扩建，下同）地面民用建筑（即除工业生产厂房及构筑物以外的所有非生产性建筑）。

乡、非人民防空重点镇不适用前款规定。

二、防空地下室建设坚持应建尽建的原则，下列新建民用建筑应当按照其一次性规划新建或者新增地面总建筑面积的下列比例修建防空地下室：

（一）新建居民住宅的，国家确定的一、二、三类人民防空重点城市修建比例依次为百分之十一、百分之十、百分之九，省确定的人民防空重点城市（含县城）、重点镇修建比例分别为百分之八、百分之七；

（二）新建其他民用建筑总建筑面积在二千平方米以上的，国家确定的一、二、三类人民防空重点城市修建比例依次为百分之八、百分之七、百分之六，省确定的人民防空重点城市（含县城）、重点镇修建比例分别为百分之五、百分之四。

三、应当修建防空地下室的民用建筑，有下列情形之一的，建设单位经人民防空行政主管部门核实可以不建或者少建防空地下室的，应当在申领施工许可证前，按照规定标准（具体收费标准详见附件）一次性足额缴纳人民防空工程易地建设费：

（一）所在地块被禁止、限制开发利用地下空间的；

（二）所在控制性详细规划确定的地块内已建人民防空工程已达到国家和省有关人民防空工程建设规划要求的；

（三）因流沙、暗河、基岩埋深较浅等地质条件限制不能修建的；

（四）因建设场地周边建筑物或者地下管道设施密集，防空地下室不能施工或者施工难以保证自身及其周边安全的；

（五）不能满足防空地下室最小净高要求的；

（六）国家规定可以不建或者少建的其他情形。

四、建设单位经人民防空行政主管部门核实不建或者少建防空地下室的，并符合国家和省规定的下列减免政策的，可以予以减免：

（一）经济适用住房、廉租住房、棚户区改造安置住房和公共租赁住房，免收人防工程易地建设费；

（二）非营利性养老和医疗机构建设项目全额免收人防工程易地建设费，营利性养老和医疗机构建设项目减半征收人防工程易地建设费；

（三）新建幼儿园、学校教学楼及为残疾人修建的生活服务设施等民用建筑，减半征收人防工程易地建设费；

（四）中小学（含幼儿园）校舍安全工程建设项目（维修、加固、重建、改扩建等形式），免收人防工程易地建设费；

（五）临时民用建筑和不增加面积的危房翻新改造商品住宅项目，因遭受水灾、火灾或其他不可抗拒的灾害造成损坏后按原面积修复的民用建筑，免收人防工程易地建设费；

（六）工业生产企业在厂区范围内的各类建筑，免收人防工程易地建设费；

（七）农民依法利用农村集体土地和在依法拥有的宅基地上新建、翻建的自用住房，列入省农村住房改造建设范围的新建房屋，省定经济薄弱村集体投资兴建的物业建设项目，免收人防工程易地建设费。

（八）监狱、强制隔离戒毒所、看守所、拘留所等羁押场所，免收人防易地建设费。

（九）其他国家和省规定可以减免的情形。

五、按照成本补偿、统筹调剂以及事权与财力相匹配的原则，各设区市人民防空主管部门依法收取人防工程易地建设费时，按照省与设区市 5∶95 的比例分成。各县市人民防空主管部门依法收取人防工程易地建设费时，按照省、县（市）5∶95 的比例分成。

六、人防易地建设费收入用于政府投资的人防工程，由人民防空主管部门统一组织实施。执收单位要严格执行收费公示制度，使用财政部门监制的政府非税收入票据，收费金额上交财政，并自觉接受价格、财政主管部门的监督检查。

七、本通知自 2017 年 1 月 1 日起执行。原《浙江省物价局　浙江省财政厅　浙江省人民防空办公室关于调整规范人防工程易地建设费有关问题的通知》（浙价费〔2004〕121 号）、《浙江省物价局　浙江省财政厅　浙江省人民防空办公室关于人防工程易地建设费有关问题的补充通知》（浙价费〔2005〕27 号）同时废止。

附件：浙江省人防工程易地建设费收费标准（略）

浙江省物价局、浙江省财政厅
浙江省人民防空办公室
2016 年 12 月 30 日

浙江省物价局　浙江省财政厅　浙江省水利厅
关于水土保持补偿费收费标准的通知

浙价费〔2014〕224号

各市、县（市、区）物价局、财政局、水利（水电、水务）局：

为规范水土保持补偿费收费管理，根据《国家发展改革委　财政部　水利部关于水土保持补偿费收费标准（试行）的通知》（发改价格〔2014〕886号）、《浙江省财政厅　浙江省物价局　浙江省水利厅　人民银行杭州中心支行转发财政部　国家发展改革委　水利部　中国人民银行关于印发〈水土保持补偿费征收使用管理办法〉的通知》（浙财综〔2014〕27号）等规定，现就水土保持补偿费收费标准等有关问题通知如下：

一、制定水土保持补偿费收费标准的基本原则

（一）预防和治理水土流失，促进水土资源的保护和合理利用；

（二）考虑不同区域水土流失状况和不同行业对生态环境的影响差异；

（三）与国家资源税改革及其他资源补偿类收费政策相衔接；

（四）与经济社会发展阶段相适应，充分考虑相关企业承受能力；

（五）考虑企业生产技术、管理水平、生态环境治理投入等方面的差异。

二、水土保持补偿收费征收标准

（一）对一般性生产建设项目，按照征占用土地面积一次性计征，收费标准为每平方米1元（不足1平方米的按1平方米计）。

对水利水电工程建设项目，水库淹没区不在水土保持补偿费计征范围之内。

（二）开采矿产资源的，建设期间，按照征占用土地面积一次性计征，具体收费标准按照本条第一款执行。开采期间，根据主管部门核定的开采量（采掘、采剥总量）按销售额的千分之一计征。

（三）取土、挖砂（河道采砂除外）、采石以及烧制砖、瓦、瓷、石灰的，根据主管部门核定的取土、挖砂、采石量，按照0.2元/吨计征。

（四）排放废弃土、石、渣的，根据土、石、渣量，按照每立方米1元计征（不足1立方米的按1立方米计）。对缴纳义务人已按前三种方式计征水土保持补偿费的，不再重复计征。

三、县级以上地方水行政主管部门征收水土保持补偿费，应到同级价格主管部门办理收费许可证，并使用省级财政部门统一印制的票据。

四、相关收费单位要在收费场所显著位置和门户网站对水土保持补偿费的收费依据、收费标准、收费主体、收费范围等内容进行公示。

五、收费单位应严格执行批准的收费项目和收费标准，不得自行增设收费项目和提高收费标准，并自觉接受价格、财政、审计和上级水行政主管部门的监督检查。各级价格主管部门应加强对收费单位收费许可证的年度审验。

六、本通知自2014年11月1日起执行。原《省物价局、省财政厅、省水利厅关于印发〈浙江省水土保持设施补偿费水土流失防治费征收和使用管理办法〉的通知》（浙价费〔1997〕107号）同时废止。

浙江省物价局
浙江省财政厅
浙江省水利厅
2014年9月22日

关于进一步改进我省施工图审查服务的意见

浙建〔2016〕14 号

各市、县(市、区)建委(建设局)、财政局、物价局:

根据《建设工程质量管理条例》和《建设工程勘察设计管理条例》等有关法律法规规定,“县级以上人民政府建设行政主管部门或者交通、水利等有关部门应当对施工图设计文件中涉及公共利益、公众安全、工程建设强制性标准的内容进行审查”,“施工图设计文件未经审查批准的,不得使用”。这是一项保障建设工程质量安全的基本制度,也是一项政府行政职能。为进一步改进施工图审查供给方式,优化图审服务,落实政府职能,保障工程质量安全,提出以下意见:

一、总体要求

(一)指导思想。以转变政府职能、建设服务性政府为目标,贯彻中央和省委省政府供给侧结构性改革决策部署,进一步改进施工图审查供给方式,充分发挥施工图审查在工程建设过程中的把关作用,切实提高施工图审查质量和服务水平,保障建设工程质量安全。

(二)工作目标。全面落实施工图审查政府行政职能,取消施工图审查收费,改进施工图审查供给方式,优化施工图审查服务,形成既保障审查质量又良性竞争的施工图审查格局。

(三)基本原则。一要坚持质量第一。改进施工图审查供给方式,必须始终把保障工程质量安全放在首位,充分发挥施工图审查的把关作用,防止建设单位因利益冲动降低工程建设标准,确保人民群众生命财产安全。二要坚持优化服务。改进施工图审查供给方式,既要强调履行政府行政职能,也要方便社会、服务高效。要建立以审查质量、审查效率和服务水平为核心的正向激励机制,不断提升施工图审查服务水平。三要坚持公开择优。遵循“公开、公平、公正”的原则,择优选择承接政府购买施工图审查服务的图审机构,加强监督检查和科学评估,建立优胜劣汰的动态调整机制,确保取得实效。四要坚持稳妥有序。施工图审查是国家法定的基本建设程序,改进施工图审查供给方式,要依据法律法规和有关规定,并结合各地和行业实际健全管理制度,明确权利义务,稳妥有序地推进各项工作。

二、主要工作

(一)取消施工图审查收费。根据省委省政府减轻企业负担要求,对 2017 年 5 月 1 日后新建、改扩建的房屋建筑和市政基础设施工程不再向企业等建设单位收取房屋建筑和市政基础设施工程施工图设计文件审查费用。

(二)将施工图审查经费列入地方财政预算。2017 年 5 月 1 日后新建、改扩建的房屋建筑和市政基础设施工程施工图设计文件审查经费由地方政府财政承担,并纳入市、县(市、区)住房城乡建设主管部门预算。房屋建筑和市政基础设施工程施工图设计文件审查作为政府向社会力量购买服务项目管理,住房城乡建设主管部门按照《浙江省人民政府办公厅关于政府向社会力量购买服务的实施意见》(浙政办发〔2014〕72 号)等有关规定确定承接主体,明确购买施工图审查服务的内容、标准等采购需求,签订购买服务合同,监督合同执行和审查质量。为规范施工图审查费用结算,由省物价、建设、财政部门综合考虑施工图审查的公益性质和审查成本等因素,明确全省施工图审查费用结算标准、方式等。

(三)建立良性竞争的施工图送审模式。各地要通过集中采购择优确定若干施工图审查机构,鼓励以地市为单位统一集中采购定点供应商的方式形成“多家服务、良性竞争”的施工图审查服务供给格局。施工图审查服务定点供应商应当符合国家规定的非营利化机构性质和图审资格。施工图审查机构数量依据国家有关规定确定,并与当地施工图审查任务相适应。除单独进行招标采购的项目外,施工图送审应遵循“公开、公平、公正”的原则,依托互联网建立以审查质量、审查效率和服务水平等因素为核心的智慧信用评价体系，经综合评价智慧确定图审机构，落实奖优惩劣机制。施工图审查机构应当在国家和省规定的期限内提出审查意见；符合工程建设强制性标准的，应当及时核发施工图审查合格书。对于施工图审查中发现的问题，设计单位应当及时修改。要通过加强对施工图审查机构和工程设计单位的监督管理，努力缩短施工图设计阶段工作周期，不断提升施工图设计和审查效率。

（四）加强施工图审查质量与服务监管。各地住房城乡建设主管部门要进一步健全施工图审查监管机制，不断提高施工图审查质量和服务水平，确保施工图设计文件中涉及公共利益、公众安全和工程建设强制性标准的内容符合相关规定。既要指导和监督施工图审查机构严格按照法律法规和工程建设强制性标准进行审查并提升审查效率，也要监督设计单位按照审查意见及时做好施工图修改工作。对于施工图审查机构在审查中存在质量把关不严、效率低下、故意刁难等行为的，或者施工图审查中发现勘察设计单位在施工图设计中存在违反工程建设强制性标准行为而隐瞒不报的，各地住房城乡建设主管部门应当依法处理。

（五）建立施工图审查信息化诚信监管体系。推进施工图审查信息化，建立施工图审查信用评价制度，健全图审全过程电子监管，规范图审行为。住房城乡建设主管部门要对图审单位图审服务履约情况进行跟踪反馈，并在图审信息平台上予以记录，实现对施工图审查服务供应商的长效管理。推进施工图电子图审工作，加快全省施工图设计文件图档数据库建设，为政务服务及工程建设全过程信息化管理提供基础。

三、保障措施

（一）加强组织领导。在当地政府的统一领导下，各地住房城乡建设主管部门要加强同财政、物价等部门的统筹协调，建立协同工作机制，做到各负其责又互相衔接，共同推进改进施工图审查服务相关工作。

（二）强化监督管理。各地住房城乡建设主管部门要加强对图审机构施工图审查质量和服务水平的跟踪监督，实施定期考核评估，并在招标采购中体现奖优惩劣的要求。同时，建立健全内部监督管理制度，按规定公开购买施工图审查服务的相关信息，自觉接受相关部门和社会公众的监督。

（三）加强舆论宣传。各地、各有关部门要充分利用报纸、广播、电视、网络等媒体加强对施工图审查工作的宣传，营造良好的舆论氛围，让社会充分了解施工图审查的性质、作用及重要性，推动施工图审查工作健康发展。

各地可结合当地实际制定实施意见。交通、水利等其他行业建设工程施工图审查费用承担和管理方式由相关部门另行研究。

本意见自 2017 年 2 月 1 日起实施。

浙江省住房和城乡建设厅
浙江省财政厅
浙江省物价局
2016 年 12 月 15 日

关于贯彻落实“最多跑一次”改革决策部署
全面推进施工图联合审查的实施意见

浙建〔2017〕6号

各市建委（建设局）、发改局、公安局、财政局、人防办、物价局、档案局、审改（管）办：

为贯彻落实省委、省政府关于“最多跑一次”改革决策部署，全面推进房屋建筑和市政基础设施工程施工图设计文件联合审查，方便群众和企业办事，确保工程质量安全，根据浙江省人民政府《加快推进“最多跑一次”改革实施方案》，提出以下实施意见：

一、总体要求

（一）指导思想。认真贯彻以人民为中心的发展思想，树立群众和企业办理施工图审查事项“最多跑一次”的理念，按照“统一标准、集中服务、结果互认、依法监管”的思路，依托“互联网＋图审”，大力整合建设、人防和消防等相关部门施工图审查环节，切实健全事中事后监管机制，进一步提升施工图审查服务效率并落实勘察设计质量把关功能，深化行政审批制度改革，显著增强群众和企业对改革的获得感，不断激发企业投资热情和经济社会发展活力。

（二）工作目标。全面推行以政府购买服务的方式实施施工图审查，全面建立一个机构集中服务、各部门依据职权分工监管的施工图审查管理体制，全面实现基于全省政务云施工图电子图审平台的网上办理和技术服务，全面提升施工图审查效率和审查质量。以切实增强群众和企业获得感为衡量标准，检验和评价改革的成效，到2017年三季度基本实现群众和企业办理施工图审查事项“最多跑一次是原则、跑多次是例外”的要求。

（三）基本原则。一要坚持质量第一。推进施工图联合审查和网上服务，必须始终把保障工程质量安全放在首位，充分发挥施工图审查的把关作用，防止建设单位等各方建设主体因利益驱动降低工程建设标准，确保人民群众生命财产安全。二要坚持公开择优。要按照“公开、公平、公正”的原则，择优确定施工图审查服务定点供应商，建立健全以审查质量、审查效率和服务水平为核心，公平竞争、费用合理的正向激励机制，不断提升施工图审查服务水平。三要坚持依法监管。施工图审查是国家法定的基本建设程序，推进施工图联合审查的核心是整合审查环节、实现一个机构集中对外服务。受理审查的图审机构要实行统一审查、按专业分别出具审查报告，并承担技术审查责任。各相关部门要各司其职，依法履行专业监管职责，确保实行联合审查和网上办理后审查质量不断提升。

二、主要工作

（一）整合施工图审查机构。对于各地现有房屋建筑和市政基础设施工程施工图审查机构（含气象），充实人员力量或者按自愿原则整合人防图审机构后，符合人防部门规定的条件的，由省人防部门列入人防图审机构名录，使其具备综合图审资格。原则上，现有房屋建筑和市政基础设施工程施工图一类审查机构，由省人防部门直接列入人防图审机构名录，人防工程审查技术人员应通过省级及以上人防部门的技术培训，并于2017年底前达到相应要求。现有人防图审机构按照国家规定转为非营利机构，且充实人员力量或者按自愿原则整合房屋建筑和市政基础设施工程施工图审查机构后，符合《房屋建筑和市政基础设施工程施工图设计文件审查管理办法》（住房城乡建设部第13号令）规定的条件的，由省建设部门列入房屋建筑和市政基础设施工程施工图审查机构名录，使其具备综合图审资格。努力使各类图审服务机构具备建设、人防、消防等综合图审资格，增加图审服务机构数量，提升服务质量。房屋建筑和市政基础设施工程施工图审查机构（含气象）可以承担相应消防工程施工图设计文件审查工作。建设、人防、消防等部门要按各自职能加强对综合性图审机构的培训和指导，使其尽快适应综合图审工作的需要。

鉴于目前我省尚无城市轨道交通施工图审查机构，接受我省城市轨道交通建设项目施工图审查委托合同的省外图审机构，应当按规定对人防设计和消防设计进行审查，并分专业出具审查报告。

（二）实行政府购买服务。根据省委、省政府减轻企业负担和加快推进"最多跑一次"改革的要求，对 2017 年 5 月 1 日后出让（或者划拨）的国有建设用地上的建设项目和其他新批准立项的建设项目，政府相关部门不再向企业等建设单位收取房屋建筑和市政基础设施工程施工图设计文件审查费用（包括气象、人防、消防等专业审查），改由地方政府财政承担，分别纳入市、县（市、区）建设、人防、消防等部门或者政府确定的一个部门预算（城市轨道交通工程施工图审查仍按现行模式实施）。建设部门应当会同人防、消防等部门按照《浙江省人民政府办公厅关于政府向社会力量购买服务的实施意见》（浙政办发〔2014〕72 号）等有关文件精神，原则上以设区市为单位从我省符合国家规定的图审机构中通过公开择优的方式确定并公布施工图审查服务定点供应商名录。建设单位通过施工图审查信息系统并以智能的方式从施工图审查服务定点供应商名录中确定图审机构（单独以人防工程立项的地下防护建筑工程项目的施工图审查可由省人防部门采用专家评审等方式进行。已经签订人防工程施工图送审合同的可以继续执行）。图审机构接到网络受理通知后分别与项目所在地建设、人防和消防等部门或者集中与一个部门签订图审合同，要积极推行合同网签工作。图审机构完成图审任务后向与其签订合同的部门按照全省统一的图审费用结算标准和合同约定结算图审费用。各地可以探索按项目合同约定先行结算 90% 费用，利用剩余 10% 的图审费用建立图审机构服务质量、服务效率与服务费用相挂勾的考评机制，实行年度考评后集中支付。原则上公共财政承担首轮施工图设计文件审查费用和因规划调整等政府原因导致审查合格后的施工图设计文件修改需要重新进行审查的费用，建设单位自行承担因自身原因导致重新审查的费用。各专业施工图审查费用结算标准附后。

（三）推进网上电子图审。建设部门要会同人防、消防等有关部门抓紧研发并推广应用基于全省政务云平台的施工图审查信息系统，实现建设单位、勘察设计单位、图审单位和建设、人防、消防、档案等相关管理部门的互联互通，并做好电子文件归档工作，为全省政务服务及工程建设全过程信息化管理提供基础。各图审机构要全面推广应用基于全省政务云平台的施工图审查信息系统，实现在线审查和技术服务。图审机构出具的专业审查报告应通过平台报送建设、人防和消防等部门，作为其实施行政许可或者进行监督管理的技术依据，并统一纳入浙江省投资项目在线审批监管平台。施工图审查信息系统还应当建立以审查质量、审查效率和服务水平等因素为核心的智慧信用评价体系，实现智慧确定图审机构。

（四）提升施工图审查效率。各地建设、人防和消防等部门要指导和督促图审机构通过环节整合、网上网下结合、容缺预审等方式，不断优化办事流程，切实提升图审效率。各图审机构收到材料齐全的施工图设计文件后应当及时提出审查意见；符合工程建设标准强制性条文和国家、省规定应当审查的"严禁""必须""应""不应""不得"要求的，应当及时核发施工图审查合格书。建设等部门同时也要督促设计单位按照审查意见及时做好施工图修改，双管齐下努力缩短施工图设计阶段的工作时间。按照建设部《工程设计资质标准》（建市〔2007〕86 号）规定，除了单独以人防工程立项的地下防护建筑工程和五级及以上的附建式人防地下室外，其他地下建筑工程（包括各类兼顾人防需要的地下工程）和其他附建式人防地下室可由具备相应建筑工程设计或其他工程设计资质的单位一并设计，任何部门不得强制要求建设单位另行委托具有人防工程设计资质的单位进行设计。

（五）加强图审质量监管。各地要建立施工图审查信用评价制度，健全图审全过程电子监管，规范图审行为，确保施工图设计文件中涉及公共利益、公众安全和工程建设强制性标准的内容符合相关规定。对于图审机构在审查中存在质量把关不严、效率低下、故意刁难等问题的，或者施工图审查中发现勘察设计单位在施工图设计中存在违反工程建设强制性标准行为而隐瞒不报的，各地建设、人防、消防等部门应当责令整改并依法处理。整改期间，有关部门不再将新项目委托其实施施工图审查。各地要积极探索创新监管方式，开展"双随机、一公开"抽查监管，形成"部门联合、随机抽查、按标监管"的

"一次到位"机制。"双随机、一公开"抽查监管结果应当与智慧信用评价体系相挂勾，落实奖优惩劣机制。省建设部门会同消防、人防部门加强对综合性图审机构的信用考评，并定期联合公布全省综合性图审机构名录。

三、保障措施

（一）加强组织领导。全面推进施工图联审改革是深化行政审批制度改革、提升投资项目审批效率、激发企业投资热情的重要内容。各地各部门要充分认识全面推进这项改革的重要意义，在当地政府的统一领导下建立协同工作机制，切实强化本地区本系统推进这项改革工作的组织领导和统筹协调，及时解决改革中出现的问题，切实加强经费和人员等方面的保障工作。省级相关部门要加强对本部门改革的督导。

（二）明确职责分工。省审改办负责做好组织协调工作，及时协调解决施工图联审改革中的疑难复杂问题；省建设、人防和消防等部门负责及时疏理本部门涉及图审相关技术标准和规定，加强对本系统有关工作的督促指导和业务培训，于6月30日前公布相关图审机构名录，使本系统各级机构和综合性图审机构尽快适应施工图联审工作；省财政部门负责指导和督促各地将依法履职所必需开支的图审费用纳入各相关部门预算，由同级财政予以保障；省物价部门负责指导各地做好施工图审查费用结算标准的实施工作；省档案部门负责指导做好电子图纸及其审批文件归档管理工作；其他各相关部门根据部门职能做好相关工作。

（三）强化督查考核。各有关部门要将推进施工图联审作为本部门"最多跑一次"改革的重要内容，列入本系统目标责任制考核。依托"最多跑一次"改革的专项督查制度，对于不认真履行职责、工作明显滞后的地区，要启动追责机制。各地、各部门也要建立相应的考核督查机制，强化制度刚性，确保这项改革顺利推进。

（四）加强舆论宣传。各地、各有关部门要充分利用报纸、广播、电视、网络等媒体加强对推进施工图联审改革工作的宣传，引导企业和社会公众充分知晓改革内容、准确把握改革政策、自觉应用改革成果。各地在改革推进过程中遇到的新情况、新问题，要及时协调解决，将处理结果报送省级相关部门；需要省级部门帮助解决的，及时向省级相关部门提出。

本意见自印发之日起实施。

附：浙江省施工图联合审查结算标准

浙江省住房和城乡建设厅
浙江省发展和改革委员会
浙江省公安厅
浙江省财政厅
浙江省人民防空办公室
浙江省物价局
浙江省档案局
浙江省数据管理中心
2017年4月28日

附件

浙江省施工图联合审查结算标准

一、房屋建筑工程

工程类别	结算标准(元/平方米)
公共建筑	1.3
其他	1.15

备注:上述结算标准含防雷审查。

二、消防审查

工程类别	结算标准(元/平方米)
公共建筑	0.4
其他	0.25

备注:二次装饰装修工程,石油化工等危化品企业的建设工程项目结算标准按市政工程结算标准执行。

三、人防审查

结算标准(元/平方米)	1.5

备注:按送审人防建筑面积进行结算。

四、市政工程

工程概(预)算额(万元)	3 000(含3 000以下)	3 000—6 000(含6 000)	6 000—10 000(含10 000)	10 000以上
结算标准(‰)	1	0.6	0.4	0.2

说明:1. 工程概(预)算额指委托审查项目的建筑安装工程造价,结算按项目工程概(预)算额差额定率分档累进计收。

2. 单独设计并单独委托的幕墙工程、室内装修工程、室外环境和景观工程、智能化、基坑支护工程等项目结算标准按市政工程结算标准执行。

浙江省物价局
关于降低和规范公共资源交易服务收费的通知

浙价服〔2018〕68号

各市、县（市、区）物价局，省公共资源交易中心、省国土资源网上交易中心：

根据《浙江省人民政府办公厅关于深化企业减负担降成本改革的若干意见》（浙政办发〔2017〕48号）中“降低和规范省公共资源交易服务收费”的要求，现就有关事项通知如下：

一、降低和规范公共资源交易服务收费。取消公共资源交易机构收取的信息服务费、场地租赁费和席位费等费用，公共资源交易机构在开展公共资源交易服务时除收取交易服务费外不得向交易双方收取其他任何费用，总体降低公共资源交易收费负担。

二、调整省公共资源交易服务收费标准，在省公共资源交易中心进行交易的工程建设项目，根据工程施工、材料设备、工程设计、工程监理等招投标中标价，分档定额计收交易服务费，收费标准详见附件。

三、省级矿业权交易机构提供矿业权出让转让交易服务收费，仍按《浙江省物价局关于核定矿业权交易服务费收费标准的复函》（浙价服〔2013〕242号）执行。

四、各市级公共资源交易机构（含分支机构）的交易服务收费标准，由各市根据《浙江省定价目录》和本通知精神抓紧制定。

五、本通知自2018年8月1日起施行，《浙江省物价局关于核定省重大建设工程交易管理中心服务收费的通知》（浙价服〔2003〕112号）同时废止。

附件：浙江省公共资源交易中心工程建设项目交易服务收费标准

浙江省物价局

2018年5月23日

附件：

浙江省公共资源交易中心工程建设项目交易服务收费标准

中标价	收费标准（万元）
200 万（含）以下	0.2
200 万 – 500 万（含）	0.5
500 万 – 1 000 万（含）	1.5
1 000 万 – 2 000 万（含）	2.5
2 000 万 – 5 000 万（含）	3.5
5 000 万 – 1 亿（含）	5
1 亿 – 5 亿（含）	7
5 亿 – 10 亿（含）	10
10 亿以上	12

注：1、工程总承包项目收费标准可适当上浮，上浮幅度不超过 25%，其他项目收费标准不得上浮，下浮不限，具体收费标准由省公共资源交易中心在规定范围内确定；

2、交易服务费由招标单位和中标单位各承担 50%；

3、按标段（包）进行收费，一次交易收取一次费用；

4、无具体交易（中标）金额的项目，按照实际工程量协商收费。

浙江省国土资源厅
关于全面实施国有建设用地使用权
出让网上交易工作的通知

浙土资发〔2017〕12号

各市、县(市、区)国土资源局:

根据国务院办公厅《关于印发整合建立统一的公共资源交易平台工作方案的通知》(国办发〔2015〕63号)、国土资源部《关于推进国有土地使用权和矿业权出让纳入统一公共资源交易平台交易有关问题的通知》(国土资发〔2016〕104号)、省政府办公厅《关于印发浙江省整合建立统一的公共资源交易平台实施方案的通知》(浙政办发〔2016〕16号)要求,经省政府同意,决定自2017年10月起全面实施国有建设用地使用权出让网上交易工作。现将有关事项通知如下:

一、统一思想,提高认识,确保按时启用网上交易系统

全省全面实施国有建设用地使用权出让网上交易是贯彻落实党中央、国务院和省委、省政府关于加强公共资源交易管理、发挥市场在资源配置中起决定性作用的重大改革举措,是实行互联网+电子政务,深化"放管服"改革,落实"三去一降一补"降低交易成本,进一步铲除滋生腐败土壤的制度性措施,对推进国土资源供给侧结构性改革、优化市场环境、规范出让行为、降低交易成本、强化社会监督、促进廉政建设等方面具有重要作用。

为此,各地一定要充分认识网上交易工作的重要性和必要性,把思想和行动统一到党中央、国务院和省委、省政府的决策部署上来,按照"责任落实年"的要求,切实做好各项工作,确保10月底前全省全面启用国有建设用地使用权出让网上交易系统,推动全省国土资源出让领域改革,以改革优化发展环境,使市场在资源配置中起决定性作用,同时更好发挥政府作用。

二、明确要求、落实责任,扎实做好土地出让网上交易工作

各地要按照"统一交易制度、统一平台建设、业务属地管理"的总体思路组织实施,即省级主要负责土地出让网上交易规则的制定、网上交易系统的开发和网上交易行为的监管,市县主要负责土地出让网上交易的具体组织实施。省市县三级要上下联动,明确任务,倒排时间,强化职责,扎实推进。

1. 明确交易范围。工业、商业、旅游、娱乐和商品住宅用地以及一宗地公告后有两个以上竞争者的国有建设用地使用权出让,全面采取公开网上拍卖挂牌方式进行。网上招标出让土地的方式,待条件成熟后实行。以现场招标出让土地的,需报省厅备案。对个别地方因房地产市场调控需要采取新的土地出让竞价规则,应在土地出让公告发布前30日向省厅书面报备,以便调整系统设置,如系统功能确实无法满足新的竞价规则,需现场实施土地出让的,须提前报经省厅同意。

2. 明确职责分工。启用网上交易系统后,土地出让"属地管理"原则不变,市、县人民政府主体责任不变。市、县国土资源部门要协助省厅做好保证金开户银行与交易系统金融云专线的连接与测试,负责办理网上交易管理员数字证书,根据网上交易规则制定网上挂牌拍卖有关文件,熟练掌握信息录入、审核发布、模板定制等网上交易系统操作,并对竞买人进行系统操作指导。交易时段,要指派交易管理员专人值守,加强风险防范,发现异常,及时向省厅报告。市、县国土资源部门要明确内部职责分工,确保责任落实。

3. 实现网上交易全覆盖。按照10月份全省全面实施建设用地出让网上交易的总体目标,市、县分批完成网上交易系统开通运行。省厅将与市、县国土资源部门逐一对接各项准备工作,排出完成时限,实行分类指导。省厅在对各地网上交易准备情况进行检查评估的基础上,实行“条件成熟一个、开通运行一个”。市、县国土资源部门要根据自身情况,制定工作方案,加快推进落实,确保 8 月底前完成系统接入,9 月底前完成模拟测试和试运行,条件具备后书面报告省厅,申请授予相应的网上交易管理权限。省厅原则上不直接给市辖区国土资源部门或交易机构开通网上交易权限,如确需开通的,应以书面形式提出申请,经市级国土资源部门同意后上报省厅。

4. 加强安全防范。市、县国土资源管理部门要加强交易管理员电脑设备的安全防护,做好网络堵塞、病毒入侵、硬件故障、数字证书遗失、密码遗忘或者泄露等风险的化解预案与应对措施,并加强对竞买人的风险宣传,提醒竞买人做好自身电脑和网络的安全防护。要与保证金账户开户银行签订协议,确保保证金账户资金安全、信息保密及服务到位。做好网络安全等意外事故的协调处理,遇到交易异常情况,要依据应急预案,及时向省厅报告。

5. 形成工作合力。市、县国土资源部门要主动向同级党委、政府汇报国有建设用地使用权出让网上交易情况,要加强与当地发改、规划、建设、财政、公安、法院、公共资源交易中心、银行系统、公证机构等协调沟通,相互配合,协同推进。要定期分析评估工作开展情况,针对出现的问题,研究提出解决办法。省厅加强对市、县国土资源部门的工作指导、督查,定期通报未实施网上交易的市县名单,并纳入今年的重点督导事项。各地要通过网站、微信公众号、电视、报纸、简报等多种形式,加强对网上交易工作的宣传引导,创造良好的舆论氛围,同时,要密切关注舆情动态,及时作出回应。

三、完善制度、严格监管,全面规范土地出让行为

各地要以积极的态度适应土地出让交易方式从线下到线上的变化,确保土地出让网上交易工作顺利推进。

1. 完善网上交易管理制度。各地要进一步完善土地出让网上交易制度,规范出让方案编制报批、出让公告和交易须知公布、竞得入选人资格审核、成交确认书和出让合同签订、出让结果公布等出让行为。要严格执行《浙江省人民政府办公厅关于加强土地出让管理的通知》相关规定,不得违规设定竞买条件、不得违规发布出让公告。

2. 强化对网上交易行为的监管。要充分运用网上交易系统,推动土地出让交易阳光操作,强化对交易行为、行政权力的监督制约。加强对网上交易管理人员廉政教育和监督制约,提高责任和保密意识,防止出现新的腐败行为。通过建立信用清单、受理违规投诉、开展违规查处等方式,对竞买人、出让人、交易机构和交易管理人员进行监管。

3. 确保如期全面实行网上交易。为确保全省自 2017 年 10 月起全面实施国有建设用地使用权出让网上交易,对未能在规定时限内实行网上交易的,省厅将关闭土地供应动态监管系统现场交易信息录入通道,未经网上交易系统交易的土地出让,不得发放土地出让合同监管号,直至实行网上交易。

浙江省国土资源厅

2017 年 7 月 19 日

浙江省征地补偿和被征地农民基本生活保障办法

浙江省人民政府令第264号

《浙江省征地补偿和被征地农民基本生活保障办法》已经省人民政府第36次常务会议审议通过，现予公布，自2010年1月1日起施行。

省长 吕祖善

二〇〇九年八月十七日

第一条 为了维护被征地农民的合法权益，规范征地补偿工作，保障被征地农民的基本生活，根据《中华人民共和国物权法》、《中华人民共和国土地管理法》及其他有关法律、法规规定，结合本省实际，制定本办法。

第二条 本省行政区域内的征地补偿适用本办法。征收农民集体所有的土地的，应当依照法律、法规及本办法规定建立被征地农民基本生活保障制度。

法律、法规、规章对征收土地的补偿另有规定的，从其规定。

第三条 征收农民集体所有的土地，应当依法足额支付土地补偿费、安置补助费、地上附着物和青苗的补偿费等费用（以下统称征地补偿费），安排被征地农民的社会保障费用，保障被征地农民的基本生活，维护被征地农民的合法权益。

第四条 市、县人民政府应当按照本办法建立和实施征地补偿和被征地农民基本生活保障制度，统一负责征地补偿和被征地农民基本生活保障工作，切实保障被征地农民的合法权益。

市、县国土资源部门具体负责征地补偿方案的拟定和组织实施。

市、县人力资源和社会保障部门具体负责被征地农民基本生活保障资金的测算、参保业务办理和就业促进工作。

市、县财政部门具体负责征地补偿资金和被征地农民基本生活保障资金的收支管理。

市、县农业部门具体负责征地补偿费使用、分配情况的监督和有关纠纷的处理。

县级以上人民政府林业、民政、监察、公安、审计等部门应当按照各自职责，共同做好相关工作。

乡（镇）人民政府、街道办事处应当配合做好征地补偿和被征地农民基本生活保障相关工作。

第五条 省国土资源、人力资源和社会保障、财政、农业等部门应当制定相关细则或者实施意见，加强对征地补偿和被征地农民基本生活保障工作的监督、协调和指导。

第六条 省人民政府综合各地经济社会发展情况，研究制定并公布全省征地补偿最低标准。

市、县人民政府应当根据国家和本省有关规定，制定公布本行政区域征地的区片综合补偿标准或者统一年产值标准（以下统称征地补偿标准），并报省人民政府备案。市、县征地补偿标准不得低于全省征地补偿最低标准。

市、县人民政府在制定征地补偿标准时应当进行综合评估，采取听证、座谈等方式，充分听取意见。区片综合补偿标准的确定，应当综合考虑经济发展水平和人均占有土地量、区位、地类、产值以及相邻地区之间的平衡等因素。

市、县征地补偿标准和全省征地补偿最低标准应当每2—3年调整一次；确实不需要调整的，也应当重新公布。

第七条 被征地农民按照本办法规定参加基本生活保障的，其基本生活保障金标准应当不低于当地城市居民最低生活保障标准。

第八条 被征地农民的基本生活保障资金主要由政府、被征地农村集体经济组织和参加被征地农民基本生活保障的个人三方出资构成,包括下列部分:

(一)被征地农村集体经济组织和农民个人应当缴纳的基本生活保障费及其增值收入;

(二)市、县人民政府从土地总收益等财政性资金中安排的不低于三方出资总额30%的资金及其增值收入;

(三)其他可用于被征地农民基本生活保障的资金及其增值收入。

第九条 本办法第八条第(二)项规定的出资低于该条第(一)项规定的出资的,市、县人民政府应当按其差额从土地总收益等财政性收入中提取资金,充实社会保障风险准备金。

第十条 市、县人民政府应当根据年度用地计划、征地规模、征地补偿标准和被征地农民基本生活保障标准等,将征地补偿费、政府安排的被征地农民基本生活保障资金及应当提取的社会保障风险准备金等所需费用纳入年度财政预算。

交通、能源、水利等单独选址的建设项目,征地补偿费及被征地农民的相关社会保障费用应当足额列入工程概算。

各项补偿费用和保障资金及应当提取的社会保障风险准备金应当及时足额到位。保障资金及应当提取的社会保障风险准备金不落实的,不得批准征地。

征地补偿费按规定足额到位后,农村集体经济组织和农民应当按期交付土地。

第十一条 被征地农民基本生活保障资金实行财政专户管理,专款专用。

市、县人民政府财政部门应当在核准人力资源和社会保障部门提供的被征地农民基本生活保障用款计划后,定期将被征地农民基本生活保障资金划入被征地农民基本生活保障支出户,确保被征地农民基本生活保障资金及时、足额发放。

第十二条 被征地农民基本生活保障资金主要用于下列范围:

(一)支付第十六条规定的基本生活保障金;

(二)支付第十九条规定的生活补助费;

(三)省人民政府及有关部门规定的与被征地农民社会保障有关的其他支出。

第十三条 社会保障风险准备金用于弥补社会保障基金的不足。

被征地农民基本生活保障资金支付能力不足2个月的,由本级人民政府通过社会保障风险准备金支付等方式及时予以补充,确保被征地农民基本生活保障资金的及时足额发放。

第十四条 被征地农民基本生活保障资金由个人账户、社会统筹账户组成。本办法第八条第(一)项规定的资金进入个人账户,第(二)、(三)项规定的资金进入社会统筹账户。

第十五条 农民集体所有的土地被征收的,按照被征收土地的数量和对应的人员,确定参加基本生活保障的对象。

参加基本生活保障对象的名单,由被征地的农村集体经济组织依法确定,并经乡(镇)人民政府、街道办事处审查、公示、确认后,报当地人力资源和社会保障、国土资源部门。

未满16周岁的被征地农民一次性发给其应得的土地补偿费和安置补助费,不纳入基本生活保障。

第十六条 参加基本生活保障的被征地农民,自女性满55周岁、男性满60周岁的次月起,按月领取基本生活保障金。

第十七条 基本生活保障金由个人账户和社会统筹账户按照筹资比例分别支付。

参加基本生活保障的人员死亡的,其个人账户中本息余额可以依法继承。

第十八条 县级以上人民政府及有关部门应当加强对被征地农民的就业培训和指导,创造就业条件,拓宽就业渠道,促进被征地农民的就业。

第十九条 参加基本生活保障的被征地农民,经就业培训后仍未能就业,生活确有困难的,其所在地市、县人民政府应当给予一定的生活补助费。生活补助费的标准、发放期限以及具体发放办法,由市、县人民政府制定。

第二十条 市、县人民政府应当按照国家和省有关规定，将符合条件的被征地农民纳入职工基本养老保险。

已参加基本生活保障的被征地农民参加职工基本养老保险或者其他社会保险的，其个人账户资金及其享有的社会统筹部分权益应当按照相关规定进行衔接和折算。

符合当地最低生活保障条件的被征地农民家庭，可以按规定享受最低生活保障；未纳入城镇社会保障体系的被征地农民，可以参加新型农村合作医疗等农村社会保障。

第二十一条 农村集体经济组织分配、发放征地补偿费应当进行公示，并接受监督。

留存农村集体经济组织的征地补偿费，应当纳入公积金管理，用于村民社会保障、公益性事业和农村集体经济组织发展生产，不得挪作他用。

第二十二条 农村集体经济组织和被征地农民对相关征地补偿标准有争议的，可以申请协调、裁决。协调、裁决争议的具体程序按省人民政府有关规定执行。

第二十三条 被征地农村集体经济组织弄虚作假，冒领或者截留、挪用征地补偿费的，由有关机关责令改正，对直接负责的主管人员和其他直接责任人员依法予以处理；构成犯罪的，依法追究刑事责任。

第二十四条 在征地补偿和被征地农民基本生活保障工作中，有关人民政府、主管部门及其工作人员有下列行为之一的，由上级人民政府、有关主管部门或者监察机关责令改正，对直接负责的主管人员和其他直接责任人员依法给予行政处分；构成犯罪的，依法追究刑事责任：

（一）不按照本办法建立和实施征地补偿和被征地农民基本生活保障制度的；

（二）不依法履行职责，造成基本生活保障资金未能及时足额到位、发放的；

（三）未按规定落实社会保障费用而批准征地的；

（四）侵占、截留、挪用征地补偿费的；

（五）其他依法应当给予行政处分的行为。

第二十五条 市、县人民政府应当根据本办法规定，结合本地被征地农民基本生活保障的实际情况，制定具体实施细则。

第二十六条 本办法自 2010 年 1 月 1 日起施行。

浙江省人民代表大会常务委员会
关于耕地占用税适用税额的决定

浙江省第十三届人民代表大会常务委员会公告第16号

《浙江省人民代表大会常务委员会关于耕地占用税适用税额的决定》已于2019年8月1日经浙江省第十三届人民代表大会常务委员会第十三次会议通过,现予公布,自2019年9月1日起施行。

浙江省人民代表大会常务委员会

2019年8月1日

为合理利用土地资源,加强土地管理,保护耕地,根据《中华人民共和国耕地占用税法》规定,统筹考虑本省耕地现状和各地经济社会发展目标要求,对本省耕地占用税适用税额作出如下决定:

一、适用税额标准

1. 杭州市、宁波市、温州市、绍兴市、台州市的市本级和义乌市,适用税额为每平方米五十元。

2. 嘉兴市、湖州市、金华市、舟山市的市本级和宁海县、余姚市、慈溪市、象山县、瑞安市、乐清市、嘉善县、海盐县、海宁市、平湖市、桐乡市、德清县、诸暨市、东阳市、永康市、温岭市、临海市、玉环市,适用税额为每平方米四十五元。

3. 衢州市、丽水市的市本级和建德市、桐庐县、淳安县、永嘉县、苍南县、平阳县、长兴县、安吉县、嵊州市、新昌县、岱山县、嵊泗县、武义县、浦江县、兰溪市、常山县、龙游县、江山市、三门县、天台县、仙居县、青田县、遂昌县、缙云县、龙泉市,适用税额为每平方米三十五元。

4. 开化县、文成县、泰顺县、磐安县、云和县、松阳县、庆元县、景宁畲族自治县,适用税额为每平方米二十五元。

市本级的范围包括所辖各区。

二、园地、林地、草地、农田水利用地、养殖水面、渔业水域滩涂以及其他农用地的耕地占用税适用税额,按照本决定第一条规定的适用税额标准的百分之六十执行。

本决定自2019年9月1日起施行。

浙江省人民政府
关于调整耕地开垦费征收标准等有关问题的通知

浙政发〔2008〕39号

各市、县(市、区)人民政府,省政府直属各单位:

为进一步加大保护耕地的支持力度,保证垦造耕地的质量,现就调整耕地开垦费征收标准等问题通知如下:

一、收费标准

非农业建设经批准占用耕地的,杭州市上城区、下城区、江干区、拱墅区、西湖区、滨江区,宁波市海曙区、江东区、江北区、镇海区、北仑区,温州市鹿城区、龙湾区、瓯海区每平方米36元;湖州市吴兴区、南浔区,嘉兴市南湖区、秀洲区,绍兴市越城区,舟山市定海区、普陀区,台州市椒江区、黄岩区、路桥区每平方米32元;杭州市萧山区、余杭区,富阳市,宁波市鄞州区,余姚市,慈溪市,乐清市,瑞安市,苍南县,桐乡市,平湖市,海宁市,绍兴县,诸暨市,上虞市,金华市婺城区、金东区,东阳市,义乌市,永康市,衢州市柯城区、衢江区,临海市,温岭市,玉环县,丽水市莲都区每平方米28元;其他县(市)每平方米20元。

非农业建设经批准占用园地的,视同占用耕地缴纳耕地开垦费。

占用基本农田的,在上述标准基础上每平方米再加15元。

二、省补充耕地

凡委托省补充耕地的建设用地项目,耕地开垦费按每平方米45元的标准全额缴省。

三、其他

耕地开垦费收取应按规定到同级价格主管部门办理收费许可证,并使用省级财政部门统一印(监)制的“浙江省政府非税收入一般缴款书”。省、市、县(市、区)各级耕地开垦费收入,都要及时全额划入同级财政专户,实行收支两条线管理,专项结算。

农民依法利用农村集体土地新建、翻建自用住房,不再缴纳补充耕地的任何费用,补充耕地任务及所需资金由所在地市、县(市、区)政府落实。

本通知自发布之日起执行。浙政发〔2000〕292号文件与本通知规定不符的,以本通知为准。

二○○八年六月十一日

浙江省人民政府办公厅
关于进一步加强耕地占补平衡管理的通知

浙政办发〔2014〕25号

各市、县(市、区)人民政府,省政府直属各单位:

多年来,各地、各有关部门认真贯彻《中华人民共和国土地管理法》,努力开发耕地后备资源,加大垦造耕地力度,实现了全省耕地总量动态平衡。但由于我省耕地后备资源匮乏、分布不均衡,一些重大建设项目因耕地占补平衡难以落实,影响了建设用地报批,省统筹补充耕地指标落实难、异地调剂补充耕地指标价格无序、过快上涨等问题日益突出。为切实加强耕地占补平衡管理,经省政府同意,现将有关事项通知如下:

一、强化耕地占补平衡法定责任

各级政府是确保本行政区域内耕地总量不减少的责任主体,政府主要领导是耕地保护第一责任人,对当地耕地占补平衡工作负总责。各地要按照"先补后占""占多少、垦多少"和"质量相当"的原则,加大耕地垦造工作力度,充实补充耕地指标储备库,保证本行政区域内耕地数量不减少、质量不降低。各设区市人民政府要加强对所辖县(市、区)垦造耕地工作的指导和督促检查,确保全市按时完成年度垦造耕地和省统筹补充耕地任务。

二、完善耕地占补平衡统筹机制

要进一步健全以县(市、区)补充耕地为主,省、设区市统筹解决为辅,跨区域调剂为补充的"三位一体"耕地占补平衡统筹机制。各市、县(市、区)政府要积极落实垦造耕地任务和省统筹补充耕地任务,优先保障基础设施建设、民生工程和新农村建设项目的补充耕地需要。鼓励耕地后备资源比较丰富的地方加大垦造耕地力度,在完成省统筹补充耕地任务的前提下,有补充耕地指标结余的,可通过省补充耕地指标调剂平台,以合理的价格调剂给耕地后备资源匮乏的地方。对国家和省重大基础设施建设项目以及省政府确定的重大工程项目,实行省、市、县(市、区)统筹耕地占补平衡。

三、科学开发利用耕地后备资源

各地要在坚持生态保护优先的前提下,因地制宜、科学合理开发利用低丘缓坡、沿海滩涂和未利用土地,努力新增有效耕地面积,增加补充耕地指标。各级发展改革、水利、农业、林业、海洋与渔业等部门要密切配合,认真履行职责,形成工作合力,共同支持垦造耕地工作。省级有关部门要研究制订利用荒山荒坡、沿海滩涂等垦造耕地的支持政策。

四、加强垦造耕地质量管理

各地要把质量作为垦造耕地的第一要求,采取有效措施,加强垦造耕地项目管理和耕地质量、生态、数量管理。要全面落实造地项目法人制、公告制、合同制、监理制和审计制,严格项目规划选址、设计施工、质量监管、竣工验收等各个环节管理。垦造耕地项目必须达到国家和省规定的耕地质量标准、地力等级和配套建设的灌溉设施,满足农林业生产基本要求。强化垦造耕地项目质量评定。垦造耕地项目未达到相关质量标准和地力要求的,必须按照"谁垦造、谁负责,谁验收、谁负责"的原则,严肃追究项目主管、施工单位及监管等责任人员的责任。

省里和设区市人民政府要定期组织开展垦造耕地项目专项检查,对垦造耕地数量弄虚作假、耕地质量不符合农林业生产基本条件的县(市、区),耕地保护责任制年度考核不予通过。同时,按被检查县(市、区)耕地质量不达标面积比例,相应扣减下一年度新增建设用地计划指标。

五、加大省统筹耕地占补平衡力度

（一）切实落实省统筹补充耕地任务。省统筹补充耕地任务由省国土资源厅根据“812”土地整治工程确定的低丘缓坡和滩涂围垦省统筹补充耕地计划任务，分年度下达给各设区市，由各设区市落实到承担省统筹任务的县（市、区）。自本通知下发之日起新立项的滩涂围垦（填海）项目，省统筹补充耕地任务调整为按滩涂围垦（填海）项目围成面积的 20% 落实。对完成省统筹补充耕地任务的滩涂围垦（填海）项目，在享受现有省级滩涂围垦和省统筹补充耕地指标补助等政策基础上，按上缴统筹补充耕地指标数，再给予一定的以奖代补。省统筹补充耕地任务完成情况列入政府耕地保护责任制年度考核内容，各有关市、县（市、区）必须按时完成年度造地任务。

各有关市、县（市、区）要加快解决省统筹补充耕地历史欠账，以设区市为单位盘点现有补充耕地指标库存情况，清理省统筹补充耕地项目和补充耕地指标欠账情况，制订省统筹补充耕地指标完成时间表和整改落实方案，确保在 2014 年底前完成“百万”造地保障工程省统筹补充耕地任务。各地要加快省统筹补充耕地项目实施进度，对尚未立项的，以库存补充耕地指标或当地其他垦造耕地项目抵冲省统筹补充耕地指标。

（二）调整省统筹补充耕地管理方式。省统筹补充耕地由项目管理调整为按指标管理，由落实垦造耕地项目方式调整为上缴补充耕地指标方式，垦造耕地项目由县（市、区）审批立项、实施和验收。省、市国土资源管理部门要加大对省统筹补充耕地指标项目检查复核力度。对已经验收合格并报国土资源部备案、纳入补充耕地指标储备库的垦造耕地项目，要及时纳入省统筹补充耕地指标库。

对省统筹补充耕地指标的垦造耕地项目符合基本农田要求的，应划入基本农田进行管理，并及时做好基本农田划区定界工作。

（三）调整省统筹补充耕地资金补助标准和建设用地计划指标奖励标准。属“812”土地整治工程的省统筹补充耕地项目省补助资金按《浙江省人民政府办公厅关于印发全省“812”土地整治工程实施方案的通知》（浙政办发〔2013〕60 号）明确的 5 万元 / 亩标准执行，并按指标入库面积的 15% 奖励年度新增建设用地计划指标。属“百万”造地保障工程的省统筹补充耕地项目，仍按照《浙江省人民政府关于进一步落实省统筹补充耕地指标的通知》（浙政发〔2007〕62 号）和《浙江省人民政府办公厅关于进一步做好低丘缓坡综合开发利用工作的通知》（浙政办发〔2008〕84 号）规定，给予 3 万元 / 亩的省补助资金和按指标入库面积的 10% 奖励年度新增建设用地计划指标。

（四）规范省统筹补充耕地指标使用管理。国家、省批准立项的交通、能源、水利、军事等重大基础设施建设项目以及省政府确定的重大工程项目涉及占用耕地，项目所在地确实无法落实耕地占补平衡的，可由项目所在地政府会同项目建设单位主管部门提出使用省统筹补充耕地指标申请，省国土资源厅根据当地耕地后备资源情况、补充耕地指标库存情况和省统筹补充耕地指标库存情况统筹安排，并将指标安排情况抄送省财政厅。省统筹补充耕地指标相应列入垦造耕地项目承担方、补充耕地指标使用方的年度耕地保有量。

对项目所在地自行承担国家重大基础设施建设项目耕地占补平衡的县（市、区），省国土资源厅在下一年度按落实补充耕地面积的 10% 奖励年度新增建设用地计划指标。

六、规范耕地占补平衡指标调剂管理

（一）调整补充耕地指标调剂政策。自本通知下发之日起，除 2012 年 12 月 31 日前，已达成跨市调剂补充耕地指标协议的可继续执行外，取消跨市自行交易调剂补充耕地指标，建立省级补充耕地指标调剂平台，实行省统一平台、统一定价、统一调剂。补充耕地调剂价格要公平、合理，具体由省国土资源厅会同省财政厅、省物价局研究提出，报省政府确定。标准农田占补平衡指标调剂管理参照耕地占补平衡管理政策。同时，按照“山海协作工程”要求，支持区域间开展多种形式的资源产业合作，优先调剂土地资源与产业合作双方补充耕地指标，促进欠发达地区招商引资和经济社会发展。

（二）明确补充耕地指标调剂条件。各地应立足内部挖潜，科学合理开发耕地后备资源，积极完成上级下达的垦造耕地任务，落实耕地占补平衡。补充耕地确有不足的，可以向省国土资源厅申请调剂补充耕地指标。对未完成省统筹补充耕地任务、垦造耕地项目未验收报备的,不得对外调出指标;对未完成上级下达垦造耕地任务,且耕地后备资源较多、当地补充耕地指标尚有余额的,不得申请调入指标。

(三)规范补充耕地指标调剂办理。补充耕地指标有结余的县(市、区),可向省国土资源厅提出指标调出申请,并将相应垦造耕地项目纳入省级补充耕地指标调剂库。省国土资源厅根据申请使用补充耕地调剂指标的市、县(市、区)及建设项目类型等情况,确定跨市、县(市、区)补充耕地指标调入方,并将补充耕地调剂指标对应的垦造耕地项目划入调入方补充耕地指标库。指标调剂双方按照省里确定的补充耕地调剂价格直接办理资金交割手续。调剂补充耕地指标列入调出和调入双方年度耕地保有量。

七、加强耕地占补平衡资金监管

(一)调整耕地开垦费收缴标准。建设项目确需占用耕地的,建设单位要依法依规缴纳耕地开垦费,委托当地政府落实耕地占补平衡责任。自本通知下发之日起,耕地开垦费按《浙江省人民政府关于调整耕地开垦费征收标准等有关问题的通知》(浙政发〔2008〕39号)规定的收缴标准的2倍收取,占用基本农田、标准农田的,耕地开垦费按照《中共浙江省委办公厅浙江省人民政府办公厅关于建立完善耕地保护共同责任机制扎实做好耕地保护工作的通知》(浙委办〔2012〕55号)规定收取。

对使用省统筹补充耕地指标落实耕地占补平衡的建设项目,耕地开垦费按每平方米75元标准缴纳。对当地耕地占补平衡指标不足、需调入补充耕地指标的市、县(市、区),可根据耕地开垦费标准、调剂补充耕地指标价格,结合补充耕地指标结构和数量,制订本地建设项目占用耕地使用补充耕地指标统一结算标准。涉及标准农田补建、标准农田质量提升所需建设费用,不得额外向项目建设单位再行收取。

(二)加强省统筹补充耕地项目补助资金管理。使用省统筹补充耕地指标缴纳的耕地开垦费,纳入省造地改田资金统一管理。各市、县(市、区)政府要加强省统筹补充耕地项目补助资金管理,专项用于垦造耕地,不得挤占、挪用、截留。

(三)规范调剂补充耕地指标资金管理。申请使用调剂补充耕地指标的市、县(市、区),在确保当地垦造耕地所需资金的前提下,调剂资金可以从当地耕地开垦费收入中支出,仍有不足的,可使用其他财政资金。对外调出补充耕地指标的市、县(市、区),要将80%以上的指标调剂所得资金,纳入造地改田资金管理,专项用于垦造耕地、高标准基本农田建设、耕地地力培育、新垦造耕地后续种植、耕地保护和土地管理等工作。

自本通知发布后,省政府以前发布的文件与本通知的规定不一致的,按本通知的规定执行。

浙江省人民政府办公厅

2014年2月20日

财政部　国土资源部　中国人民银行关于调整新增建设用地土地有偿使用费政策等问题的通知

财综〔2006〕48号

各省、自治区、直辖市、计划单列市财政厅（局）、国土资源厅（国土环境资源厅、国土资源局、国土资源和房屋管理局、房屋土地资源管理局），新疆生产建设兵团财务局、国土资源局，中国人民银行上海总部，各分行、营业管理部，省会（首府）城市中心支行，副省级城市中心支行：

根据《国务院关于深化改革严格土地管理的决定》（国发〔2004〕28号）和《国务院关于加强土地调控有关问题的通知》（国发〔2006〕31号）的有关规定，为了进一步保护耕地，促进节约集约用地，加强土地调控管理，控制固定资产投资过快增长，现就调整新增建设用地土地有偿使用费政策等问题通知如下：

一、进一步明确新增建设用地土地有偿使用费征收范围

新增建设用地为农用地和未利用地转为建设用地。新增建设用地土地有偿使用费，由市、县人民政府按照国土资源部或省、自治区、直辖市国土资源管理部门核定的当地实际新增建设用地面积、相应等别和征收标准缴纳。新增建设用地土地有偿使用费的征收范围为：土地利用总体规划确定的城市（含建制镇）建设用地范围内的新增建设用地（含村庄和集镇新增建设用地）；在土地利用总体规划确定的城市（含建制镇）、村庄和集镇建设用地范围外单独选址、依法以出让等有偿使用方式取得的新增建设用地；在水利水电工程建设中，移民迁建用地占用城市（含建制镇）土地利用总体规划确定的经批准超出原建设用地面积的新增建设用地。

因违法批地、占用而实际发生的新增建设用地，应按照国土资源部认定的实际新增建设用地面积、相应等别和征收标准缴纳新增建设用地土地有偿使用费。

二、调整新增建设用地土地有偿使用费征收等别和征收标准

从2007年1月1日起，新批准新增建设用地的土地有偿使用费征收标准在原有基础上提高1倍，提高后的新增建设用地土地有偿使用费征收标准详见附件1。同时，根据各地行政区划变动情况，相应细化新增建设用地土地有偿使用费征收等别，细化后的《新增建设用地土地有偿使用费征收等别》详见附件2。

今后，财政部将会同国土资源部根据国家土地调控政策需要，结合各地基准地价水平、耕地总量和人均耕地面积、社会经济发展水平等状况，适时调整新增建设用地土地有偿使用费征收等别和征收标准，并向全社会公布。

三、调整地方新增建设用地土地有偿使用费分成管理方式

新增建设用地土地有偿使用费征收标准提高后，仍实行中央与地方30∶70分成体制。同时，为加强对土地利用的调控，从2007年1月1日起，调整地方分成的新增建设用地土地有偿使用费管理方式。地方分成的70%部分，一律全额缴入省级（含省、自治区、直辖市、计划单列市，下同）国库。

四、加强新增建设用地土地有偿使用费征收管理

新增建设用地土地有偿使用费由国土资源部和各省、自治区、直辖市国土资源管理部门在办理用地审批手续时负责征收，由财政部门负责征收管理，由财政部驻各省、自治区、直辖市、计划单列市财政监察专员办事处（以下简称财政部驻各地财政监察专员办事处）以及省级财政部门共同负责监督解缴。

国土资源部和各省、自治区、直辖市国土资源管理部门在办理用地审批手续时，应当开具新增建设用地土地有偿使用费缴款通知书，通知申请办理新增建设用地审批手续的市、县人民政府在规定的时间内依法足额缴纳新增建设用地土地有偿使用费，同时将缴款通知书抄送财政部、财政部驻各地财政监察专员办事处以及省级财政部门备查。缴款通知书应明确新增建设用地的地类、面积、适用的征收等别、征收标准以及应缴纳的新增建设用地土地有偿使用费具体数额。

市、县人民政府在收到国土资源管理部门开具的缴款通知书后，应当及时通知市、县财政部门填写一份"一般缴款书"，将应当缴纳的新增建设用地土地有偿使用费全额就地缴入国库。市、县财政部门在缴款时，"一般缴款书"中收款单位栏填写"财政部门"，预算级次填写"中央和省级共享收入"，收款国库栏填写当地实际收纳款项的国库名称；填写预算科目时，30% 填列政府收支分类科目 103013301 目"中央新增建设用地土地有偿使用费收入"科目，70% 填列政府收支分类科目 103013302 目"地方新增建设用地土地有偿使用费收入"科目。国库部门办理缴库手续后，将加盖国库印章的"一般缴款书"第四、五联退市、县财政部门。市、县财政部门将收到的"一般缴款书"第四、五联分别报送省级财政部门和财政部驻当地财政监察专员办事处备查。已经实施非税收入收缴管理制度改革的地方，新增建设用地土地有偿使用费的缴库方式，按照非税收入收缴管理制度改革的有关规定执行。市、县财政部门缴纳新增建设用地土地有偿使用费，可以从国有土地使用权出让收入等财政性资金中列支，并填列政府收支分类科目 2120899 项"其他土地使用权出让金支出"等相应科目。

国土资源部和各省、自治区、直辖市国土资源管理部门应当在收到市、县人民政府已足额缴纳新增建设用地土地有偿使用费的有效凭证后，再依法办理用地批准文件，并抄送财政部、财政部驻各地财政监察专员办事处以及省级财政部门。财政部驻各地财政监察专员办事处以及省级财政部门，要按照国土资源管理部门开具的新增建设用地土地有偿使用费缴款通知书、缴款凭证、用地批准文件等，抽查核实市、县人民政府是否及时足额缴纳新增建设用地土地有偿使用费，并按月做好与国库以及国土资源管理部门的对账工作，确保有关数据准确无误。

严禁市、县人民政府和有关部门将新增建设用地土地有偿使用费转嫁由用地单位缴纳。严禁在审批新增建设用地时采取"以租代征"等方式，逃避缴纳新增建设用地土地有偿使用费。市、县人民政府凡不按国家规定的等别和征收标准及时足额缴纳新增建设用地土地有偿使用费的，国土资源部和各省、自治区、直辖市国土资源管理部门一律不得办理用地审批手续和批准文件。任何地区、部门、单位和个人，均不得减免、缓缴、挤占、截留和挪用新增建设用地土地有偿使用费。

五、认真做好新增建设用地土地有偿使用费清欠工作

国土资源管理部门和财政部门要加强新增建设用地土地有偿使用费征收工作，对于地方违反规定减免和欠缴新增建设用地土地有偿使用费的，要进行逐项清理，并限期追缴。其中：对于 2004 年《国务院关于深化改革严格土地管理的决定》（国发〔2004〕28 号）发布后，各地违反规定减免和欠缴的，要在 2006 年 12 月 31 日前全部清缴完毕。2006 年 12 月 31 日前清缴的新增建设用地土地有偿使用费，按照原有规定解缴入库；2006 年 12 月 31 日以后清缴的新增建设用地土地有偿使用费，一律按照本通知第四条规定解缴入库。逾期未缴的，一律暂停审批该市、县下一年度新增建设用地指标，并按其滞纳金额及日期按日加收 1‰ 的滞纳金。滞纳金随同清缴的新增建设用地土地有偿使用费一并按规定比例分别缴入中央和省级国库。拒不缴纳的，除了由国土资源部和各省、自治区、直辖市国土资源管理部门会同同级财政部门进行公示、暂停办理新的新增建设用地审批手续和下达该市、县下一年度新增建设用地指标、加收滞纳金以外，还应由财政部和省级财政部门在办理年终结算时予以相应抵扣。

六、改进和完善新增建设用地土地有偿使用费使用管理

为提高新增建设用地土地有偿使用费使用效率，进一步改进和完善新增建设用地土地有偿使用费使用管理，从 2007 年 1 月 1 日起，中央分成的新增建设用地土地有偿使用费，由财政部会同国土资源部主要参照各地国土资源管理部门核实的截至上一年底基本农田面积和国家确定的土地开发整理重点任务分配给各省、自治区、直辖市、计划单列市，并向中西部地区和粮食主产区倾斜，专项用于基本农田建设和保护、土地整理、耕地开发等开支。各省、自治区、直辖市、计划单列市分成的部分，加上中央财政专项分配的新增建设用地土地有偿使用费，统一由省级财政部门会同国土资源管理部门，主要参照各地国土资源管理部门核实的截至上一年底基本农田面积、国家和省级确定的土地开发整理重点任务分配给市、县，专项用于基本农田建设和保护、土地整理、耕地开发等开支。

将政府收支分类科目 212 类“城乡社区事务” 08 款“国有土地使用权出让金支出”中的 06 项“耕地开发专项支出”科目，修改为 12 项“耕地开发专项支出”科目，增设 13 项“基本农田建设和保护支出”、14 项“土地整理支出”科目，分别反映新增建设用地土地有偿使用费用于上述各项支出情况。

七、强化新增建设用地土地有偿使用费收支管理监督检查

省级财政部门以及财政部驻各地财政监察专员办事处要加强对新增建设用地土地有偿使用费管理的监督检查，建立定期检查制度。国土资源管理部门要建立新增建设用地和基本农田保有量监督检查制度，充分运用航空、遥感等技术方法和手段，核实当年新增建设用地面积和耕地面积，强化新增建设用地土地有偿使用费征收管理与监督。对未依法办理农用地审批、未利用地转用审批、“以租代征”和未批先用等违法批地、用地行为占用土地的，不按规定及时足额解缴新增建设用地土地有偿使用费的，以及擅自减免、缓缴、截留、挤占、挪用新增建设用地土地有偿使用费的，要严格按照《土地管理法》以及《财政违法行为处罚处分条例》（国务院令第 427 号）等有关法律法规规定进行处理，按日加收滞纳金，并依法追究有关责任人的责任。

各地收到本通知后，要严格按照本通知规定，抓紧做好相关工作。此前有关规定凡与本通知规定不一致的，一律以本通知规定为准。

附件：1. 新增建设用地土地有偿使用费征收标准（略）

2. 新增建设用地土地有偿使用费征收等别（略）

国务院办公厅
关于印发跨省域补充耕地国家统筹管理办法和城乡建设用地增减挂钩节余指标跨省域调剂管理办法的通知

国办发〔2018〕16号

各省、自治区、直辖市人民政府,国务院各部委、各直属机构:

《跨省域补充耕地国家统筹管理办法》和《城乡建设用地增减挂钩节余指标跨省域调剂管理办法》已经国务院同意,现印发给你们,请认真贯彻执行。

国务院办公厅

2018年3月10日

跨省域补充耕地国家统筹管理办法

第一章 总 则

第一条 为规范有序实施跨省域补充耕地国家统筹,严守耕地红线,根据《中华人民共和国土地管理法》和《中共中央 国务院关于加强耕地保护和改进占补平衡的意见》、《中共中央 国务院关于实施乡村振兴战略的意见》有关规定,制定本办法。

第二条 本办法所称跨省域补充耕地国家统筹,是指耕地后备资源严重匮乏的直辖市,占用耕地、新开垦耕地不足以补充所占耕地,或者资源环境条件严重约束、补充耕地能力严重不足的省,由于实施重大建设项目造成补充耕地缺口,经国务院批准,在耕地后备资源丰富省份落实补充耕地任务的行为。

第三条 跨省域补充耕地国家统筹应遵循以下原则:

(一)保护优先,严控占用。坚持耕地保护优先,强化土地利用规划计划管控,严格土地用途管制,从严控制建设占用耕地,促进土地节约集约利用。

(二)明确范围,确定规模。坚持耕地占补平衡县域自行平衡为主、省域内调剂为辅、国家适度统筹为补充,明确补充耕地国家统筹实施范围,合理控制补充耕地国家统筹实施规模。

(三)补足补优,严守红线。坚持耕地数量、质量、生态“三位一体”保护,以土地利用总体规划及相关规划为依据,以土地整治和高标准农田建设新增耕地为主要来源,先建成再调剂,确保统筹补充耕地数量不减少、质量不降低。

(四)加强统筹,调节收益。运用经济手段约束耕地占用,发挥经济发达地区和资源丰富地区资金资源互补优势,建立收益调节分配机制,助推脱贫攻坚和乡村振兴。

第四条 国土资源部负责跨省域补充耕地国家统筹管理,会同财政部、国家发展改革委、农业部等相关部门制定具体实施办法,进行监督考核;财政部会同国土资源部等相关部门负责制定资金使用管理办法;有关省级人民政府负责具体实施,筹措补充耕地资金或落实补充耕地任务。

第二章 申请补充耕地国家统筹

第五条 根据各地资源环境承载状况、耕地后备资源条件、土地整治和高标准农田建设新增耕地潜力等,分类实施补充耕地国家统筹。

（一）耕地后备资源严重匮乏的直辖市，由于城市发展和基础设施建设等占用耕地、新开垦耕地不足以补充所占耕地的，可申请国家统筹补充。

（二）资源环境条件严重约束、补充耕地能力严重不足的省，由于实施重大建设项目造成补充耕地缺口的，可申请国家统筹补充。重大建设项目原则上限于交通、能源、水利、军事国防等领域。

第六条　补充耕地国家统筹申请、批准按以下程序办理：

（一）由省、直辖市人民政府向国务院提出补充耕地国家统筹申请。其中，有关省根据实施重大建设项目需要和补充耕地能力，提出需国家统筹补充的耕地数量、水田规模和粮食产能，原则上每年申请一次，如有特殊需要可分次申请；直辖市根据建设占用耕地需要和补充耕地能力，提出需国家统筹补充的耕地数量、水田规模和粮食产能，每年申请一次。

（二）国土资源部组织对补充耕地国家统筹申请的评估论证，汇总有关情况并提出意见，会同财政部按程序报国务院批准。国土资源部、财政部在国务院批准之日起30个工作日内函复有关省、直辖市人民政府，明确国务院批准的国家统筹规模以及相应的跨省域补充耕地资金总额。

第七条　有关省、直辖市人民政府收到复函后，即可在国务院批准的国家统筹规模范围内，依照法定权限组织相应的建设用地报批。

建设用地报批时，用地单位应按规定标准足额缴纳耕地开垦费，补充耕地方案应说明耕地开垦费缴纳和使用国家统筹规模情况。

建设用地属于省级人民政府及以下审批权限的，使用国家统筹规模情况须随建设用地审批结果一并报国土资源部备案。

第八条　经国务院批准补充耕地由国家统筹的省、直辖市，应缴纳跨省域补充耕地资金。以占用的耕地类型确定基准价，以损失的耕地粮食产能确定产能价，以基准价和产能价之和乘以省份调节系数确定跨省域补充耕地资金收取标准。对国家重大公益性建设项目，可按规定适当降低收取标准。

（一）基准价每亩10万元，其中水田每亩20万元。

（二）产能价根据农用地分等定级成果对应的标准粮食产能确定，每亩每百公斤2万元。

（三）根据区域经济发展水平，将省份调节系数分为五档。

一档地区：北京、上海，调节系数为2；

二档地区：天津、江苏、浙江、广东，调节系数为1.5；

三档地区：辽宁、福建、山东，调节系数为1；

四档地区：河北、山西、吉林、黑龙江、安徽、江西、河南、湖北、湖南、海南，调节系数为0.8；

五档地区：重庆、四川、贵州、云南、陕西、甘肃、青海，调节系数为0.5。

第九条　跨省域补充耕地资金总额纳入省级财政向中央财政的一般公共预算转移性支出，在中央财政和地方财政年终结算时上解中央财政。

第十条　跨省域补充耕地资金，全部用于巩固脱贫攻坚成果和支持实施乡村振兴战略。其中，一部分安排给承担国家统筹补充耕地任务的省份，优先用于高标准农田建设等补充耕地任务；其余部分由中央财政统一安排使用。

第三章　落实国家统筹补充耕地

第十一条　根据国务院批准的补充耕地国家统筹规模，在耕地后备资源丰富的省份，按照耕地数量、水田规模相等和粮食产能相当的原则落实补充耕地。

第十二条　在耕地保护责任目标考核期内，不申请补充耕地国家统筹的省份，可由省级人民政府向国务院申请承担国家统筹补充耕地任务。申请承担补充耕地任务的新增耕地，应为已验收并在全国农村土地整治监测监管系统中上图入库的土地整治和高标准农田建设项目新增耕地。

第十三条　国土资源部根据全国农村土地整治监测监管系统信息，对申请承担国家统筹补充耕地任务的新增耕地进行复核，如有必要，会同相关部门进行实地检查。国土资源部会同财政部等相关部门按照自然资源条件相对较好，优先考虑革命老区、民族地区、边疆地区、贫困地区和耕地保护成效突出地区的原则确定省份,认定可用于国家统筹补充耕地的新增耕地数量、水田规模和粮食产能。开展土地整治工程技术创新新增耕地,可作为专项支持,安排承担国家统筹补充耕地任务。

国土资源部会同财政部等相关部门确定承担国家统筹补充耕地任务省份和认定结果,按程序报国务院同意后,由国土资源部函告有关省份。经认定为承担国家统筹补充耕地任务的新增耕地,不得用于所在省份耕地占补平衡。

第十四条 根据认定的承担国家统筹补充耕地规模和相关经费标准,中央财政将国家统筹补充耕地经费预算下达承担国家统筹补充耕地任务的省份。有关省份收到国家统筹补充耕地经费后,按规定用途安排使用。

第十五条 国家统筹补充耕地经费标准根据补充耕地类型和粮食产能确定。补充耕地每亩5万元(其中水田每亩10万元),补充耕地标准粮食产能每亩每百公斤1万元,两项合计确定国家统筹补充耕地经费标准。

第四章 监管考核

第十六条 国土资源部建立跨省域补充耕地国家统筹信息管理平台,将补充耕地国家统筹规模申请与批准、建设项目占用、补充耕地落实等情况纳入平台管理。

第十七条 有关省级人民政府负责检查核实承担国家统筹补充耕地任务的新增耕地,确保数量真实、质量可靠;监督国家统筹补充耕地经费安排使用情况,严格新增耕地后期管护,发现存在问题要及时予以纠正。

国土资源部利用国土资源遥感监测"一张图"和综合监管平台等手段对国家统筹新增耕地进行监管。

第十八条 补充耕地国家统筹情况纳入有关省级人民政府耕地保护责任目标考核内容,按程序报国务院。

国土资源部做好国家统筹涉及省份耕地变化情况台账管理,在新一轮土地利用总体规划编制或实施期内适时按程序调整有关省份规划耕地保有量。

第十九条 国家土地督察机构在监督检查省级人民政府落实耕地保护主体责任情况时,结合督察工作将有关省份的国家统筹补充耕地实施情况纳入督察内容。

第五章 附则

第二十条 财政部会同国土资源部根据补充耕地国家统筹实施情况适时调整跨省域补充耕地资金收取标准和国家统筹补充耕地经费标准。

第二十一条 本办法由国土资源部、财政部负责解释。

第二十二条 本办法自印发之日起施行,有效期至2022年12月31日。

城乡建设用地增减挂钩节余指标跨省域调剂管理办法

第一章　总　　则

第一条　为规范开展深度贫困地区城乡建设用地增减挂钩节余指标跨省域调剂，根据《中华人民共和国土地管理法》和《中共中央　国务院关于实施乡村振兴战略的意见》、《中共中央办公厅　国务院办公厅印发〈关于支持深度贫困地区脱贫攻坚的实施意见〉的通知》有关规定，制定本办法。

第二条　本办法所称城乡建设用地增减挂钩节余指标跨省域调剂，是指"三区三州"及其他深度贫困县城乡建设用地增减挂钩节余指标（以下简称节余指标）由国家统筹跨省域调剂使用。

第三条　节余指标跨省域调剂应遵循以下原则：

（一）区域统筹，精准扶贫。聚焦深度贫困地区脱贫攻坚任务，调动各方力量提供资金支持，实现合作共赢。国家下达调剂任务，确定调剂价格标准，统一资金收取和支出；各有关省（区、市）统筹组织本地区跨省域调剂有关工作，并做好与省域内城乡建设用地增减挂钩工作的协调。

（二）生态优先，绿色发展。落实最严格的耕地保护制度、节约用地制度和生态环境保护制度，严格执行耕地占补平衡制度，加强土地利用总体规划和年度计划统筹管控，实施建设用地总量、强度双控，优化配置区域城乡土地资源，维护土地市场秩序，保持土地产权关系稳定。

（三）尽力而为，量力而行。帮扶地区要把决胜全面小康、实现共同富裕摆在更加突出的位置，落实好帮扶责任。深度贫困地区要把握地域差异，注重保护历史文化和自然风貌，因地制宜实施复垦；充分尊重农民意愿，切实保障农民土地合法权益和农村建设用地需求，防止盲目推进。

第四条　国土资源部会同财政部、国家发展改革委、农业部等相关部门制定节余指标跨省域调剂实施办法，确定调剂规模、激励措施和监管要求。财政部会同国土资源部等相关部门制定资金使用管理办法，统一资金收取和支出。有关省级人民政府负责节余指标跨省域调剂的组织实施；省级国土资源、财政主管部门分别制定实施细则，平衡调剂节余指标和资金。市、县级人民政府为节余指标跨省域调剂责任主体；市、县级国土资源主管部门负责具体实施。

第二章　调剂计划安排

第五条　国土资源部根据有关省（区、市）土地利用和贫困人口等情况，经综合测算后报国务院确定跨省域调剂节余指标任务。主要帮扶省份应当全额落实调入节余指标任务，鼓励多买多用。鼓励其他有条件的省份根据自身实际提供帮扶。

经国务院同意，国土资源部将跨省域调剂节余指标任务下达有关省（区、市）。有关省（区、市）可结合本地区情况，将跨省域调入、调出节余指标任务明确到市、县。

第六条　按照增减挂钩政策规定，深度贫困地区所在地省级国土资源主管部门组织编制和审批拆旧复垦安置方案，帮扶省份省级国土资源主管部门组织编制和审批建新方案，通过城乡建设用地增减挂钩在线监管系统报国土资源部备案。

省级人民政府将需要调剂的节余指标和资金总额函告国土资源部，原则上每年不超过两次。国土资源部根据备案情况核销跨省域调剂节余指标任务，核定复垦和占用农用地面积、耕地面积和耕地质量，以及规划耕地保有量和建设用地规模调整数量，并将核销结果抄送财政部。

第七条　帮扶省份要严格控制城镇建设用地扩张，人均城镇建设用地水平较低、规划建设用地规模确有不足的，可以使用跨省域调剂节余指标少量增加规划建设用地规模，并在新一轮土地利用总体规划编制时予以调整。增加的规划建设用地规模原则上不得用于特大城市和超大城市的中心城区。

国土资源部在核销各省（区、市）跨省域调剂节余指标任务时，对涉及的有关省份规划耕地保有量、建设用地规模调整以及耕地质量变化情况实行台账管理；列入台账的，在省级人民政府耕地保护责任目标考核等监督检查中予以认定，在新一轮土地利用总体规划编制时统筹解决。

第三章　资金收取和支出

第八条　财政部根据国土资源部核定的调剂资金总额，收取有关省（区、市）调剂资金；省级财政主管部门根据省级国土资源主管部门核定的调剂资金额度，收取有关市、县调剂资金。收取的帮扶省份跨省域调入节余指标资金，纳入省级财政向中央财政的一般公共预算转移性支出，在中央财政和地方财政年终结算时上解中央财政。

第九条　财政部根据国土资源部核定的调剂资金总额，向深度贫困地区所在省份下达 70% 调剂资金指标，由省级财政主管部门根据省级国土资源主管部门确认的调剂资金金额向深度贫困地区拨付。待完成拆旧复垦安置，经省级国土资源主管部门验收并经国土资源部确认后，财政部向深度贫困地区所在省份下达剩余 30% 调剂资金指标，由省级财政主管部门向深度贫困地区拨付。

调剂资金支出列入中央财政对地方财政一般性转移支付，全部用于巩固脱贫攻坚成果和支持实施乡村振兴战略，优先和重点保障产生节余指标深度贫困地区的安置补偿、拆旧复垦、基础设施和公共服务设施建设、生态修复、耕地保护、高标准农田建设、农业农村发展建设以及购买易地扶贫搬迁服务等。

第十条　国家统一制定跨省域调剂节余指标价格标准。节余指标调出价格根据复垦土地的类型和质量确定，复垦为一般耕地或其他农用地的每亩 30 万元，复垦为高标准农田的每亩 40 万元。节余指标调入价格根据地区差异相应确定，北京、上海每亩 70 万元，天津、江苏、浙江、广东每亩 50 万元，福建、山东等其他省份每亩 30 万元；附加规划建设用地规模的，每亩再增加 50 万元。

根据跨省域调剂节余指标实施情况，按程序适时调整上述标准。

第四章　节余指标调剂实施

第十一条　深度贫困地区根据国家核定的调剂节余指标，按照增减挂钩政策规定，以不破坏生态环境和历史文化风貌为前提，按照宜耕则耕、宜林则林、宜草则草的原则复垦，切实做好搬迁群众安置。

第十二条　帮扶省份根据国家核定的调剂节余指标，按照经批准的建新方案使用跨省域调剂节余指标进行建设。

第十三条　深度贫困地区实际拆旧复垦耕地面积和质量低于国家核定要求的，以及帮扶地区实际建新占用耕地面积和质量超出国家核定要求的，应通过补改结合、提质改造等措施满足国家核定要求。

第五章　监 督 管 理

第十四条　国土资源部和省级国土资源主管部门分别建立节余指标调剂监管平台。拆旧复垦安置方案、建新方案应实时备案，确保拆旧复垦安置和建新精准落地，做到上图入库、数量真实、质量可靠。监管平台自动生成电子监管码，对节余指标调剂进行动态监管。省级国土资源主管部门审批的拆旧复垦安置方案、建新方案，需标注使用跨省域调剂节余指标。

第十五条　省级国土资源主管部门充分利用国土资源遥感监测"一张图"和综合监管平台等手段，对拆旧复垦农用地和耕地等进行核查。国土资源部和省级国土资源主管部门通过监管平台和实地抽查，对跨省域调剂节余指标工作开展日常监测监管。国家土地督察机构对跨省域调剂节余指标实施情况进行监督检查，检查报告抄送财政部。发现弄虚作假、违背群众意愿强行实施的，国土资源部会同财政部停止拨付并扣减调剂资金。

第六章　附　　则

第十六条　本办法由国土资源部、财政部负责解释。

第十七条　本办法自印发之日起施行，有效期至 2020 年 12 月 31 日。

浙江省国土资源厅　浙江省财政厅　浙江省物价局关于进一步做好补充耕地指标标准农田指标调剂和省统筹补充耕地的通知

浙土资发〔2018〕20号

各市、县（市、区）人民政府：

为贯彻落实《中共中央　国务院关于加强耕地保护和改进占补平衡的意见》（中发〔2017〕4号）、《中共浙江省委　浙江省人民政府关于加强耕地保护和改进占补平衡的实施意见》（浙委发〔2018〕10号）和《国土资源部关于改进管理方式切实落实耕地占补平衡的通知》（国土资规〔2017〕13号）精神，改进和完善补充耕地指标、补充标准农田指标调剂机制，提高省统筹补充耕地能力，经省政府同意，现就有关事项通知如下：

一、进一步规范补充耕地和标准农田指标调剂工作

（一）指标调剂范围。

补充耕地指标。通过土地整治产生的可用于非农建设占用耕地“占一补一、占优补优、占水田补水田”的补充耕地指标，即新增耕地数量指标、新增粮食产能指标和新增水田指标。

补充标准农田指标。根据《浙江省耕地质量管理办法》（省政府令第285号），非农建设经批准占用标准农田的，要按照“占多少，补多少”的原则，补充数量和质量相当的标准农田，确保全省1 500万亩标准农田面积不减少、质量不降低。

（二）指标调剂价格。

定价。补充耕地指标、补充标准农田指标调剂价格由省国土资源厅、省财政厅、省物价局根据耕地后备资源状况和指标库存情况统一定价。

调剂价格。

补充耕地指标价格：补充耕地数量指标15万元/亩，补充水田指标15万元/亩，粮食产能指标每亩每百公斤1万元。

补充标准农田指标价格：一等标准农田7万元/亩，二等标准农田4万元/亩。一等、二等标准农田质量等级由设区市农业部门认定。

执行期限。指标调剂价格原则上两年调整公布一次，自公布之日起计算。具体由省国土资源厅会同省财政厅、省物价局根据指标调剂市场供需情况，适时调整或重新公布调剂价格。调整价格的，报省政府批准同意后公布。

（三）指标调剂程序。

补充耕地指标、补充标准农田指标调剂按以下程序进行：

省国土资源厅在厅门户网站建立省补充耕地（标准农田）指标调剂平台，负责办理跨设区市指标调剂手续。

需要调出指标的县（市、区），经设区市政府或国土资源局同意后，由县（市、区）人民政府向省国土资源厅提出指标调出申请，明确调剂指标类型、质量等别、调剂数量。

省国土资源厅收到调出指标申请后，对调出方资格和调剂指标进行审查，逐月汇总申请调出指标情况，次月初发布指标调剂供应信息，同时冻结调出项目补充耕地指标使用。

需要调入指标的市、县（市、区），由市、县（市、区）人民政府向省国土资源厅提出指标调入申请，提出调入指标的数量、类别和等别，明确使用调剂指标的建设项目。省国土资源厅对调入方资格和建设项目进行审查。

上一年度未完成省下达的高标准农田建设任务的市、县（市、区），省国土资源厅不受理调出和调入补充耕地指标申请。对补划标准农田质量提升项目不落实、一年内未启动实施或没有实质性进展、申请延期后仍未能完成提升任务以及到期未及时提出申请验收的地方，暂停补充标准农田指标调出。

省国土资源厅根据申请调入方指标库存情况、建设项目类型、建设项目前期工作进展情况和申请调剂指标时间先后，确定调剂对象、时序。

省国土资源厅确定指标调剂对象后，在省国土资源厅门户网站调剂平台公示 5 个工作日。公示无异议后，下达指标调剂批复，在调剂平台上公布。调剂双方在指标调剂批复下达后 1 个月内签订调剂协议，结算调剂资金。省国土资源厅根据资金结算凭证，划转指标。指标调剂数量面积纳入调剂双方年度耕地保有量、标准农田保有量考核内容。

当月调剂指标有结余的，自动转入下一个月调剂。

（四）监管措施。

指标调入方调进的指标，仅限于本市、县（市、区）建设项目补充耕地或标准农田需要。调剂指标须在一年内使用完，未在规定时间内使用完的，不得再次申请调入指标。

在指标调剂过程中存在违法违规、违纪行为的，按照有关规定进行处理；构成犯罪的，移送司法机关依法处理。

（五）其他事项。

各市、县（市、区）要建立和完善指标调剂机制，加强和规范指标调剂工作。本市、本县范围内补充耕地指标、补充标准农田指标调剂工作由市、县（市、区）负责。

跨设区市补充耕地指标借用、调换等，省国土资源厅一般不予受理。个别建设项目确实急需的，经设区市政府或国土资源局同意后，由供需双方政府向省国土资源厅提出指标借用、调换申请，经省国土资源厅严格审核同意后，办理相关手续。

二、改进和完善省统筹补充耕地政策

按照《中共浙江省委　浙江省人民政府关于加强耕地保护和改进占补平衡的实施意见》（浙委发〔2018〕10 号），按垦造耕地验收入库数量的 20% 上划省统筹补充耕地指标。提高省统筹补充耕地补助和使用价格：数量指标 5 万元 / 亩，水田指标 5 万元 / 亩，粮食产能指标每亩每百公斤 1 万元。

本《通知》自 2018 年 10 月 1 日起施行。原《浙江省国土资源厅　浙江省财政厅　浙江省物价局关于做好耕地占补平衡指标调剂工作的通知》（浙土资发〔2014〕36 号）同时废止。

浙江省国土资源厅

浙江省财政厅

浙江省物价局

2018 年 9 月 18 日

浙江省人民政府
关于印发浙江省海域使用金征收管理办法的通知

浙政发〔2009〕8号

各市、县(市、区)人民政府,省政府直属各单位:

现将《浙江省海域使用金征收管理办法》印发给你们,请结合实际,认真组织实施。

二○○九年二月一日

浙江省海域使用金征收管理办法

第一条 为贯彻实施海域有偿使用制度,规范全省海域使用金的征收、使用和管理,根据《中华人民共和国海域使用管理法》、《浙江省海域使用管理办法》(省政府令第221号)和财政部、国家海洋局《关于加强海域使用金征收管理的通知》(财综〔2007〕10号)、《关于海域使用金减免管理等有关事项的通知》(财综〔2008〕71号)等有关规定,制定本办法。

第二条 在本省管辖海域持续使用特定海域3个月以上的排他性用海活动,以及使用特定海域不足3个月的排他性临时用海活动,必须按本办法规定缴纳海域使用金。

第三条 海域使用金包括海域出让金、海域转让金和海域租金。

海域出让金指国家将海域使用权在一定时限内让与使用者,按规定向使用者收取的海域使用出让价款。

海域转让金指海域使用权人在批准的海域使用年限内,转让其通过有偿方式取得的海域使用权(含海域设施一并转让)时,就其所取得的海域增值额按规定比例向国家缴纳的转让增值部分价款。海域增值额是指海域转让价款扣除转让人受让海域时支付的全部价款和该海域设施重置费后的余额。转让海域的价值和海域设施重置费,需经有资质的资产评估机构评估确定。

海域租金指海域使用权人在批准的海域使用年限内,出租其通过有偿方式取得的海域使用权时,就其所取得的租金收入按规定比例向国家缴纳的出租收入部分价款。

第四条 财政部门是海域使用金的征收管理机关,海洋行政主管部门是海域使用金的征收机关。

海域使用金由批准用海的地方人民政府海洋行政主管部门负责征收。

在本省人民政府管理的海域内,跨海域行政区域或海域行政界线有争议的用海项目,其海域使用金由上一级海洋行政主管部门负责征收。

第五条 各级海洋行政主管部门要严格按照用海类型、海域等别、征收标准征收海域使用金(详见附件)。

若国家调整海域等别和海域使用金征收标准的,另作规定。

第六条 下列用海,经依法批准免缴海域使用金:

(一)军事用海;

(二)用于政府行政管理目的的公务船舶专用码头用海,包括公安(边防)、海关、交通(港航)、海事、海监、出入境检验检疫、环境监测、渔政、渔监等公务船舶专用码头用海;

(三)航道、避风(避难)锚地、航标、由政府还贷的跨海桥梁及海底隧道等非经营性交通基础设施用海；

（四）教学、科研、防灾减灾、海难搜救打捞、渔港等非经营性公益事业用海。

第七条 下列用海，经批准可在一定期限内减缴或免缴海域使用金：

（一）除避风（避难）以外的其他锚地、出入海通道等公用设施用海；

（二）国务院审批或核准的固定资产投资项目用海；

（三）遭受自然灾害或者意外事故，经核实经济损失达正常收益 60% 以上的养殖用海；

（四）渔民个人或村级集体经济组织的养殖用海。

第八条 除国务院审批的项目用海海域使用金和养殖用海海域使用金外，海域使用权人在使用海域期间，符合上述第六条、第七条规定要求减缴或免缴海域使用金的，由海域使用权人提出书面申请，经用海项目所在地财政和海洋行政主管部门审核后，报省财政和省海洋行政主管部门批准。其中，申请减免应上缴中央国库部分的海域使用金，由省财政和省海洋行政主管部门审核后，联合报财政部和国家海洋局审批。任何地区、部门和单位都不得以“招商引资”等名义违规越权减免海域使用金。

海域使用权人申请减免国务院审批的项目用海应缴的海域使用金，其中：应缴中央国库的海域使用金，向财政部和国家海洋局提出书面减免申请；应缴地方国库的海域使用金，向当地财政和海洋行政主管部门提出书面减免申请，经项目所在地财政和海洋行政主管部门逐级审核后，报省财政和省海洋行政主管部门审查批准。

养殖用海海域使用金的减免由审批项目用海的地方人民政府财政和海洋行政主管部门审查批准。

除经批准减缴或免缴的养殖用海外，其他经批准减缴或免缴海域使用金的项目用海，如需转让或者出租海域使用权的，应当报经原批准用海的人民政府批准，并按本办法规定标准补缴减免部分的海域使用金。

申请人应当在收到《海域使用金缴款通知书》之日起 30 日内，提出减免海域使用金的书面申请，逾期一律不予受理。

第九条 按年度缴纳海域使用金的用海项目，转让人转让海域使用权时，受让人应当缴纳剩余使用年限的海域使用金；抵押人抵押海域使用权时，应当一次性缴纳抵押期限内的海域使用金。

第十条 招标、拍卖或者挂牌出让海域使用权的，应当按招标、拍卖或者挂牌出让成交价款征收海域使用金。招标标底、拍卖或者挂牌出让底价不得低于按照用海类型、海域等别、相应的海域使用金征收标准、海域使用面积以及使用年限计算的海域使用金金额。

第十一条 海域使用金从海域使用申请人被批准取得海域使用权时开始计征。对填海造地、非透水构筑物、跨海桥梁和海底隧道等项目用海实行一次性计征海域使用金。对其他项目用海按照使用年限逐年计征海域使用金。使用海域不超过 6 个月的，按年征收标准的 50% 一次性计征海域使用金；超过 6 个月不超过 1 年的，按年征收标准一次性计征海域使用金。经营性临时用海按年征收标准的 25% 一次性计征海域使用金。

海域使用金征收标准调整时，按年度缴纳海域使用金的，按调整后标准缴纳。已经缴纳当年海域使用金和一次性缴纳海域使用金的，差额部分不实行退补。

经批准改变用海类型的，自批准之日起按变更后的海域使用金征收标准缴纳；批准前海域使用金已一次性缴纳的，不足部分应当补缴差额。

第十二条 海洋行政主管部门确认海域使用金缴款凭证或减免批复文件后，方能办理海域使用权登记，核发《海域使用权证书》。

第十三条 海域使用金实行先缴后分、就地全额缴库方式缴纳。

（一）省人民政府管理海域以外以及跨省管理海域的项目用海缴纳的海域使用金，由国家海洋局负责征收，就地全额缴入中央国库。

（二）养殖用海缴纳的海域使用金，由审批项目用海的地方人民政府海洋行政主管部门负责征收，就地全额缴入同级地方国库，中央和省不再参与分成。其中：国家、省级、县级人民政府审批的养殖用海项目海域使用金，全额缴入项目所在地的县级地方国库；市级人民政府审批的养殖用海项目海域使用金，按市级 10%、县级 90% 的比例就地缴入地方国库。

（三）高涂围垦养殖用海缴纳的海域使用金由省海洋行政主管部门负责征收，并按照省级 40%、市级 10%、县级 50% 的比例就地缴入国库。

（四）除上述以外的其他项目用海缴纳的海域使用金，按项目用海批准权限由同级地方人民政府海洋行政主管部门负责征收，并按照中央 30%、省级 10%、市级 10%、县级 50% 的比例就地缴入国库。

第十四条 宁波市本级及所属县（市、区）由省人民政府审批的用海项目，其海域使用金由省海洋行政主管部门负责征收。

（一）高涂围垦养殖用海项目的海域使用金上缴省的比例为 40%。

（二）其他由省审批用海项目的海域使用金上缴省的比例为 10%。

缴省部分海域使用金由省财政与宁波市财政通过年终结算，由省财政部门会同省海洋行政主管部门以项目形式予以安排。

宁波市本级及所属市县之间的分成比例由宁波市自行确定。其他按财政部、国家海洋局《关于加强海域使用金征收管理的通知》（财综〔2007〕10 号）规定执行。

第十五条 海域使用金纳入财政预算，实行“收支两条线”管理。要体现缴款便利、分成准确、清算及时的原则，切实提高海域使用金的征管效率，减轻项目开发建设成本。

第十六条 取消按照海域使用金征收数额的一定比例核拨或提取海域使用金征管业务费的规定。海域使用金征管业务费及招标、拍卖所需相关费用，一律通过预算从海域使用金收入中予以保障，专项用于相关人员的业务培训、政策宣传、招标、拍卖以及与征管工作相关的其他业务支出。

第十七条 海域使用金按照“取之于海、用之于海”的原则，主要用于海洋保护、管理、开发等相关的各项支出。

第十八条 各市、县（市、区）财政和海洋行政主管部门要加强对海域使用金征收管理的监督检查，确保海域使用金及时足额缴库。对违反规定擅自减免、截留、挤占、挪用海域使用金的，要严格按照《财政违法行为处罚处分条例》（国务院令第 427 号）和《海域使用管理违法违纪行为处分规定》（监察部、人事部、财政部、国家海洋局令第 14 号）等有关规定进行处理，依法追究有关责任人员的责任。

第十九条 本办法自发文之日起执行。《浙江省人民政府关于印发浙江省海域使用金征收管理办法的通知》（浙政发〔2006〕71 号）停止执行，此前有关规定与本办法不一致的，一律以本办法为准。

附件：1. 浙江省海域等别（略）

2. 浙江省海域使用金征收标准（略）

3. 用海类型界定（略）

浙江省人民政府办公厅
关于印发浙江省无居民海岛使用金征收
使用管理办法的通知

浙政办发〔2011〕123 号

各市、县(市、区)人民政府,省政府直属各单位:

《浙江省无居民海岛使用金征收使用管理办法》已经省政府同意,现印发给你们,请认真贯彻执行。

二〇一一年十一月五日

浙江省无居民海岛使用金征收使用管理办法

第一章　总　则

第一条　为加强和规范无居民海岛使用金征收和使用管理,促进无居民海岛有效保护和合理开发利用,根据《中华人民共和国海岛保护法》、《财政部国家海洋局关于印发〈无居民海岛使用金征收使用管理办法〉的通知》(财综〔2010〕44 号)和《浙江省政府非税收入管理条例》等有关规定,制定本办法。

第二条　无居民海岛使用金是指国家在一定年限内出让无居民海岛使用权,由无居民海岛使用者依法向国家缴纳的无居民海岛使用权价款,不包括无居民海岛使用者取得无居民海岛使用权应当依法缴纳的其他相关税费。

单位和个人利用本省管辖范围内的无居民海岛,应当经国务院或省政府依法批准,并按照本办法规定缴纳无居民海岛使用金。未足额缴纳无居民海岛使用金的,海洋主管部门不得办理无居民海岛使用权证书。

第三条　无居民海岛使用权可以通过申请审批方式出让,也可以通过招标、拍卖、挂牌的方式出让。其中,旅游、娱乐、工业等经营性用岛有两个及两个以上意向者的,一律实行招标、拍卖、挂牌方式出让。

未经批准,无居民海岛使用者不得转让、出租和抵押无居民海岛使用权,不得改变海岛用途和用岛性质。

第四条　无居民海岛使用权出让实行最低价限制制度。

无居民海岛的等别划分、用岛类型界定和无居民海岛使用权出让最低价标准分别参见附件 1、附件 2 和附件 3。

第五条　无居民海岛使用权出让价款不得低于无居民海岛使用权出让最低价。

无居民海岛使用权出让最低价的计算公式为:无居民海岛使用权出让最低价 = 无居民海岛使用权出让面积 × 使用年限 × 无居民海岛使用权出让最低价标准

公式中无居民海岛使用权出让面积以无居民海岛使用批准文件确定的开发利用面积为准。

第六条　无居民海岛使用权出让前应当按国家有关规定由具有资产评估资格的中介机构对出让价款进行预评估,评估结果作为政府决策的参考依据。

第七条　无居民海岛使用金属于政府非税收入，由省级以上财政部门负责征收管理，由省级以上海洋主管部门负责具体征收。

第八条　无居民海岛使用金实行中央地方分成，按照中央 20%、省 20%、市 10%、县（市、区）50% 比例缴入国库。

第九条　无居民海岛使用金纳入一般预算管理，主要用于海岛保护、海岛管理、海岛生态修复、海岛调查、海岛基础设施建设和海岛防灾减灾与监视监测系统建设。

第二章　征　　收

第十条　无居民海岛使用金按照批准的使用年限实行一次性计征。

应缴纳的无居民海岛使用金额度超过 1 亿元的，无居民海岛使用者可以提出申请，经批准用岛的海洋主管部门商同级财政部门批准后，可以在 3 年内分次缴纳。

分次缴纳无居民海岛使用金的，首次缴纳额度不得低于总额度的 50%。在首次缴纳无居民海岛使用金后，由国务院海洋主管部门或省海洋主管部门依法颁发无居民海岛使用临时证书；全部缴清无居民海岛使用金后，由国务院海洋主管部门或省海洋主管部门依法换发无居民海岛使用权证书。

无居民海岛使用者申请分次缴纳无居民海岛使用金的申请和批准程序，按照本办法规定的免缴无居民海岛使用金的申请和核准程序执行。

第十一条　省政府批准用岛的，无居民海岛使用金由省海洋主管部门负责具体征收。

第十二条　无居民海岛使用金实行就地缴库办法。

省海洋主管部门征收无居民海岛使用金，应当向无居民海岛使用者开具《无居民海岛使用金缴款通知书》，通知无居民海岛使用者按照有关要求填写"一般缴款书"，在无居民海岛所在市、县（市、区）就地缴纳无居民海岛使用金。省海洋主管部门应将《无居民海岛使用金缴款通知书》以及"一般缴款书"第二联复印件报送财政部浙江监察办备查。

《无居民海岛使用金缴款通知书》应当明确用岛面积、适用的征收等别、征收标准、应缴纳的无居民海岛使用金数额、缴纳无居民海岛使用金的期限、缴库方式、适用的政府收支分类科目等相关内容。无居民海岛使用者应当在收到《无居民海岛使用金缴款通知书》1 个月之内将无居民海岛使用金就地缴库。

无居民海岛使用金收入列《政府收支分类科目》1030708"无居民海岛使用金收入"（新增），并下设 01 目"中央无居民海岛使用金收入"和 02 目"地方无居民海岛使用金收入"。缴库时，填写 2 份"一般缴款书"。其中：中央 20% 部分填写 1 份"一般缴款书"，填列《政府收支分类科目》103070801"中央无居民海岛使用金收入"科目，"财政机关"填写"财政部"，"预算级次"填写"中央级"，"收款国库"填写实际收纳款项的国库名称，"备注"栏注明中央分成比例；地方 80% 部分填写 1 份"一般缴款书"，填列《政府收支分类科目》103070802"地方无居民海岛使用金收入"科目，"财政机关"填写项目所在地财政部门，"预算级次"分别填写"省级"、"市级"、"县级"，"收款国库"填写实际收纳款项的国库名称，收妥后，按规定比例和级次进行划解，"备注"栏注明地方分成比例。

宁波市缴省部分的无居民海岛使用金由省财政与宁波市财政通过年终结算办理。

第十三条　无居民海岛使用者未按规定及时足额缴纳无居民海岛使用金的，按日加收 1‰ 的滞纳金。滞纳金随同无居民海岛使用金按规定分成比例和科目一并缴入相应级次国库。

第三章　免　　缴

第十四条　下列用岛免缴无居民海岛使用金：

（一）国防用岛；

（二）公务用岛，指各级国家行政机关或其他承担公共事务管理任务的单位依法履行公共事务管理职责的用岛；

（三）教学用岛，指非经营性的教学和科研项目用岛；

（四）防灾减灾用岛；

(五)非经营性公用基础设施建设用岛,包括非经营性码头、桥梁、道路建设用岛,非经营性供水、供电设施建设用岛,不包括为上述非经营性基础设施提供配套服务的经营性用岛;

(六)基础测绘和气象观测用岛;

(七)国务院财政部门、海洋主管部门认定的其他公益事业用岛。

第十五条 免缴无居民海岛使用金的,应当依法申请并经核准。

符合本办法第十四条规定情形的项目用岛,申请人应当在收到《无居民海岛使用金缴款通知书》之日起30日内,按照下列规定提出免缴无居民海岛使用金的书面申请,逾期不予受理:

申请人申请免缴省政府审批项目用岛应缴的无居民海岛使用金,应当填写由省级部门统一制定的相关表格,经用岛项目所在地的县级、市级财政和海洋主管部门逐级签署意见后,报省财政、海洋主管部门审批。国务院审批的,由省财政、海洋主管部门联合报财政部、国家海洋局审批。

第十六条 申请人申请免缴无居民海岛使用金,应当提交下列相关资料:

(一)免缴无居民海岛使用金的书面申请和免缴申请表。包括免缴理由、免缴金额、免缴期限等内容;

(二)能够证明项目用岛性质的相关证明材料;

(三)省级以上财政、海洋主管部门认为应当提交的其他相关材料。

第十七条 省级以上财政、海洋主管部门原则上在收到申请人的申请后60日内,由省级海洋主管部门对免缴无居民海岛使用金的合法性提出初审意见,经省级财政部门审核同意后,由省级财政部门会同同级海洋主管部门以书面形式批复申请人。

第十八条 经依法核准免缴无居民海岛使用金的用岛项目,申请转让无居民海岛使用权或改变海岛用途和用岛性质的,应当由受让人按照有关规定重新履行无居民海岛使用金免缴申请和报批手续。

第十九条 省级以上财政、海洋主管部门按照本办法规定权限核准免缴无居民海岛使用金。其他任何部门和单位均不得核准免缴无居民海岛使用金。

第四章 使 用

第二十条 无居民海岛使用金的具体使用范围如下:

(一)海岛保护。包括海岛及其周边海域生态系统保护、无居民海岛自然资源保护和特殊用途海岛保护,即保护海岛资源、生态,维护国家海洋权益和国防安全。

(二)海岛管理。包括各级政府及其海岛管理部门依据法律及法定职权,综合运用行政、经济、法律和技术等措施对海岛保护、合理利用进行的管理和监督工作。

(三)海岛生态修复。包括依据生态修复方案,通过生物技术、工程技术等人工方法对生态系统遭受破坏的海岛进行修复,并对修复效果进行追踪的工作。

(四)海岛调查。包括对海岛及其周边海域进行水文、气象、地质、矿产等自然环境和资源的保护与利用情况调查。

(五)海岛基础设施建设。包括海岛可再生能源、淡水设施、交通设施等基础设施技术研究与工程建设。

(六)海岛防灾减灾与监视监测系统建设。包括海岛防灾减灾规划体系、技术标准规范、灾害风险评估、监视监测网络等建设工作。

第二十一条 当年缴入国库的无居民海岛使用金由财政部门在下一年度支出预算中安排使用。

第二十二条 无居民海岛使用金支出预算,按照部门预算管理的规定执行。省级分成的无居民海岛使用金在用于省本级支出有结余时,可以视情安排补助市县无居民海岛使用金支出预算,或由省财政部门统筹安排。

第二十三条 无居民海岛使用金的支付按照财政国库管理制度的规定执行。资金使用中涉及政府采购的,按照《中华人民共和国政府采购法》及政府采购的有关规定执行。

无居民海岛使用金支出列《政府收支分类科目》220类02款17项“无居民海岛使用金支出”科目

（新增）。

第二十四条 无居民海岛使用金项目资金应当纳入单位财务统一管理，分账核算，确保专款专用。严禁将无居民海岛使用金项目资金用于支付各种罚款、捐助、赞助、投资等。

第二十五条 跨年度执行的项目在项目未完成时形成的年度结转资金，结转下一年度按规定继续使用。项目因故终止的，结余资金按照国务院财政部门关于财政拨款结余资金的有关规定办理。

第五章 监督检查与法律责任

第二十六条 各级财政、海洋主管部门应当加强对无居民海岛使用金征收和使用情况的管理，定期或不定期开展无居民海岛使用金征收和使用情况检查。

第二十七条 拒不缴纳无居民海岛使用金的，由依法颁发无居民海岛使用权证书的海洋主管部门无偿收回无居民海岛使用权。

第二十八条 无居民海岛使用金项目承担单位未按照批准的用途使用无居民海岛使用金的，由县级以上财政部门会同同级海洋主管部门依据职权责令限期改正；逾期不改正的，由县级以上财政部门会同同级海洋主管部门依法收回已拨付的无居民海岛使用金，并给予5年内不得申请无居民海岛使用金项目的处理。

第二十九条 单位和个人有下列行为之一的，依照《财政违法行为处罚处分条例》（国务院令第427号）等有关法律法规进行查处：

（一）不按规定征收无居民海岛使用金的；

（二）不按规定及时足额缴纳无居民海岛使用金的；

（三）违反本办法规定核准免缴无居民海岛使用金的；

（四）申请人不如实提供有关资料，弄虚作假，骗取免缴无居民海岛使用金的；

（五）截留、挤占、挪用无居民海岛使用金的。

第六章 附 则

第三十条 本办法自发布之日起30日后施行。

附件：

1. 浙江省无居民海岛等别划分
2. 无居民海岛用岛类型界定
3. 无居民海岛使用权出让最低价标准（略）

附件1:

浙江省无居民海岛等别划分

二等

宁波市:海曙区、江东区、江北区。

温州市:鹿城区、龙湾区。

三等

宁波市:镇海区、北仑区、鄞州区。

舟山市:定海区。

台州市:椒江区、路桥区。

四等

宁波市:余姚市、慈溪市。

温州市:乐清市。

嘉兴市:平湖市、海盐县。

舟山市:普陀区、嵊泗县。

台州市:温岭市、玉环县。

五等

宁波市:奉化市、宁海县、象山县。

温州市:瑞安市、洞头县。

舟山市:岱山县。

台州市:临海市、三门县。

六等

温州市:平阳县、苍南县。

附件 2：

浙江省无居民海岛用岛类型界定

序号	类型名称	界定
1	填海连岛用岛	指通过填海造地等方式将海岛与陆地或海岛与海岛连接起来的行为用岛
2	土石开采用岛	指以获取无居民海岛上的土石为目的的用岛
3	房屋建设用岛	指在无居民海岛上建设房屋以及配套设施的用岛
4	仓储建筑用岛	指在无居民海岛上建设用于存储或堆放生产、生活物资的库房、堆场和包装加工车间及其附属设施的用岛
5	港口码头用岛	指占用无居民海岛空间用于建设港口码头的用岛
6	工业建设用岛	指在无居民海岛上开展工业生产及建设配套设施的用岛
7	道路广场用岛	指在无居民海岛上建设道路、公路、铁路、桥梁、广场、机场等设施的用岛
8	基础设施用岛	指在无居民海岛上建设除交通设施以外的用于生产生活的基础配套设施的用岛
9	景观建筑用岛	指以改善景观为目的的在无居民海岛上建设亭、塔、雕塑等建筑的用岛
10	游览设施用岛	指在无居民海岛上建设索道、观光塔台、游乐场等设施的用岛
11	观光旅游用岛	指在无居民海岛上开展不改变海岛自然状态的旅游活动的用岛
12	园林草地用岛	指通过改造地形、种植树木花草和布置园路等途径改造无居民海岛自然环境的用岛
13	人工水域用岛	指在无居民海岛上修建水库、水塘、人工湖等用岛
14	种养殖业用岛	指在无居民海岛上种植农作物、放牧养殖禽畜或水生动植物的用岛
15	林业用岛	指在无居民海岛上种植、培育林木并获得林产品的用岛

浙江省财政厅　浙江省林业厅转发财政部　国家林业局关于调整森林植被恢复费征收标准引导节约集约利用林地的通知

浙财综〔2016〕16 号

各市、县（市、区）财政局、林业局：

现将《财政部　国家林业局关于调整森林植被恢复费征收标准引导节约集约利用林地的通知》（财税〔2015〕122 号）转发给你们，并结合我省实际，提出以下补充规定，请一并贯彻执行。

一、森林植被恢复费具体征收标准

（一）郁闭度 0.2 以上的乔木林地（含采伐迹地、火烧迹地）、竹林地、苗圃地，每平方米 15 元；灌木林地、疏林地、未成林造林地，每平方米 10 元；宜林地，每平方米 5 元。

（二）国家和省级公益林林地，按照第（一）款规定征收标准的 2 倍征收。

（三）城市规划区内的林地，分别对应（一）、（二）款规定征收标准的 2 倍征收。

（四）经营性建设项目占用征收林地，分别对应（一）、（二）款规定征收标准的 2 倍征收。

城市规划区的认定以设区市、县（市）域总体规划中确定的中心城区规划范围为依据。

项目性质的认定，以权限部门批准的立项文件为依据。

二、森林植被恢复费征收收入分成

除宁波市及所辖县（市、区）外，森林植被恢复费省、市、县（市、区）级财政仍按 15∶5∶80 比例分成；宁波市与所辖县（市、区）征收的森林植被恢复费不再上缴省财政，其分成比例由宁波市财政、林业主管部门确定。

本通知自 2016 年 5 月 19 日起施行。浙江省财政厅、浙江省林业局《关于转发〈森林植被恢复费征收使用管理暂行办法〉的通知》（浙财综字〔2003〕9 号）等文件规定与本通知不一致的，按本通知规定执行。

浙江省财政厅

浙江省林业厅

2016 年 4 月 19 日

财政部　国家林业局
关于调整森林植被恢复费征收标准
引导节约集约利用林地的通知

财税〔2015〕122号

各省、自治区、直辖市财政厅（局）、林业厅（局），新疆生产建设兵团财务局、林业局，内蒙古、吉林、黑龙江、大兴安岭森工（林业）集团公司：

由占用征收林地的建设单位依法缴纳森林植被恢复费，是促进节约集约利用林地、培育和恢复森林植被、实现森林植被占补平衡的一项重要制度保障。2002年财政部、国家林业局印发《森林植被恢复费征收使用管理暂行办法》（财综〔2002〕73号）以来，各地不断加强和规范森林植被恢复费征收使用管理，对推动植树造林、增加森林植被面积发挥了重要作用。随着我国经济社会快速发展，各项建设工程对占用征收林地需求不断增加，但其支付的补偿标准明显偏低，无序占用、粗放利用林地问题突出，减少的森林植被无法得到有效恢复。根据中共中央、国务院印发的《生态文明体制改革总体方案》的要求，为加快健全资源有偿使用和生态补偿制度，建立引导节约集约利用林地的约束机制，确保森林植被面积不减少、质量不降低，保障国家生态安全，现就调整森林植被恢复费征收标准等有关问题通知如下：

一、制定森林植被恢复费征收标准应当遵循以下原则：

（一）合理引导节约集约利用林地，限制无序占用、粗放使用林地。

（二）反映不同类型林地生态和经济价值，合理补偿森林植被恢复成本。

（三）充分体现公益林、城市规划区林地的重要性和特殊性，突出加强公益林和城市规划区林地的保护。

（四）保障公共基础设施、公共事业和民生工程等建设项目使用林地，控制经营性建设项目使用林地。

（五）考虑不同地区经济社会发展水平、森林资源禀赋和恢复成本差异，适应各地植树造林、恢复森林植被工作需要。

（六）与经济社会发展相适应，考虑企业承受能力，并建立定期评估和调整机制。

（七）体现公平公正原则，对中央和地方企业不得实行歧视性征收标准。

二、森林植被恢复费征收标准应当按照恢复不少于被占用征收林地面积的森林植被所需要的调查规划设计、造林培育、保护管理等费用进行核定。具体征收标准如下：

（一）郁闭度0.2以上的乔木林地（含采伐迹地、火烧迹地）、竹林地、苗圃地，每平方米不低于10元；灌木林地、疏林地、未成林造林地，每平方米不低于6元；宜林地，每平方米不低于3元。

各省、自治区、直辖市财政、林业主管部门在上述下限标准基础上，结合本地实际情况，制定本省、自治区、直辖市具体征收标准。

（二）国家和省级公益林林地，按照第（一）款规定征收标准2倍征收。

（三）城市规划区的林地，按照第（一）、（二）款规定征收标准2倍征收。

（四）城市规划区外的林地，按占用征收林地建设项目性质实行不同征收标准。属于公共基础设施、公共事业和国防建设项目的，按照第（一）、（二）款规定征收标准征收；属于经营性建设项目的，按照第（一）、（二）款规定征收标准2倍征收。

公共基础设施建设项目包括:公路、铁路、机场、港口码头、水利、电力、通讯、能源基地、电网、油气管网等建设项目。公共事业建设项目包括:教育、科技、文化、卫生、体育、环境和资源保护、防灾减灾、文物保护、社会福利、市政公用等建设项目。经营性建设项目包括:商业、服务业、工矿业、仓储、城镇住宅、旅游开发、养殖、经营性墓地等建设项目。

三、对农村居民按规定标准建设住宅,农村集体经济组织修建乡村道路、学校、幼儿园、敬老院、福利院、卫生院等社会公益项目以及保障性安居工程,免征森林植被恢复费。法律、法规规定减免森林植被恢复费的,从其规定。

四、加强森林植被恢复费征收管理。各级林业主管部门要严格按规定的范围、标准和时限要求征收森林植被恢复费,确保及时、足额征缴到位。任何单位和个人均不得违反规定,擅自减免或缓征森林植被恢复费,不得自行改变森林植被恢复费的征收对象、范围和标准。要向社会公开各类建设项目占用征收林地及森林植被恢复费征收使用情况,提高透明度,接受社会监督。上级财政、林业主管部门要加强监督检查,坚决查处不按规定征收森林植被恢复费的行为。

五、做好组织实施和宣传工作。各地要高度重视调整森林植被恢复费征收标准工作,加强组织领导,周密部署,协调配合,抓好落实。要通过政府网站和公共媒体等渠道,加强森林植被恢复费政策宣传解读,及时发布信息,做好舆论引导工作,统一思想、凝聚共识,营造良好的舆论氛围。

各省、自治区、直辖市财政、林业主管部门要在 2016 年 3 月底前,将调整森林植被恢复费征收标准等政策落实到位,并及时报财政部、国家林业局备案。

财政部　国家林业局

2015 年 11 月 18 日

浙江省国土资源厅　浙江省财政厅关于发布浙江省矿业权出让收益市场基准价的通知

浙土资规〔2018〕6号

各市、县(市、区)国土资源局、财政局,省矿业联合会,矿业权评估机构:

根据党中央、国务院关于矿业权出让制度改革和矿产资源权益金制度改革的总体要求,以及财政部、原国土资源部《矿业权出让收益征收管理暂行办法》(财综〔2017〕35号)的规定,省国土资源厅、省财政厅组织制定了《浙江省矿业权出让收益市场基准价》。经省政府同意,现予以发布,请认真贯彻执行。

附件:1. 浙江省矿业权出让收益市场基准价

2. 浙江省矿业权出让收益市场基准价使用说明

浙江省国土资源厅　浙江省财政厅

2018年7月27日

附件 1

浙江省矿业权出让收益市场基准价

<table>
<tr><th rowspan="2">序号</th><th colspan="2" rowspan="2">矿种</th><th rowspan="2">单位
（保有资源储量）</th><th colspan="3">采矿权基准价</th><th rowspan="2">探矿权
基准价</th><th rowspan="2">备注</th></tr>
<tr><th>一类地区</th><th>二类地区</th><th>三类地区</th></tr>
<tr><td rowspan="3">1</td><td rowspan="3">建筑石料</td><td>建筑用玄武岩、辉绿岩、安山岩、闪长岩</td><td>元 / 吨矿石量</td><td>5.3</td><td>4.4</td><td>3.2</td><td>—</td><td rowspan="2"></td></tr>
<tr><td>建筑用石灰岩、白云岩、砂岩、花岗岩、凝灰岩、大理岩</td><td>元 / 吨矿石量</td><td>3.5</td><td>2.7</td><td>2.0</td><td>—</td></tr>
<tr><td>宕碴</td><td>元 / 吨矿石量</td><td>1.5</td><td>1.2</td><td>0.9</td><td>—</td><td>用于填方</td></tr>
<tr><td rowspan="4">2</td><td rowspan="4">石灰岩</td><td rowspan="2">水泥用灰岩</td><td rowspan="2">元 / 吨矿石量</td><td colspan="3">3.7</td><td>3.6</td><td>三衢山组、黄龙组、船山组、殷坑组和龙山组</td></tr>
<tr><td colspan="3">2.6</td><td>2.5</td><td>寒武系、二叠系及其他层位</td></tr>
<tr><td>熔剂用灰岩</td><td>元 / 吨矿石量</td><td colspan="3">4.5</td><td>4.4</td><td>含轻钙用灰岩</td></tr>
<tr><td>制灰用灰岩</td><td>元 / 吨矿石量</td><td colspan="3">2.7</td><td>2.6</td><td></td></tr>
<tr><td>3</td><td>砖瓦用砂页岩</td><td>砖瓦用砂岩、砖瓦用页岩</td><td>元 / 吨矿石量</td><td colspan="3">1.3</td><td>—</td><td></td></tr>
<tr><td rowspan="4">4</td><td rowspan="4">普通萤石</td><td>$CaF_2 \geqslant 65\%$</td><td>元 / 吨矿物量</td><td colspan="3">19</td><td>16</td><td></td></tr>
<tr><td>$50\% \leqslant CaF_2 < 65\%$</td><td>元 / 吨矿物量</td><td colspan="3">16</td><td>13</td><td></td></tr>
<tr><td>$30\% \leqslant CaF_2 < 50\%$</td><td>元 / 吨矿物量</td><td colspan="3">11</td><td>9</td><td></td></tr>
<tr><td>$CaF_2 < 30\%$</td><td>元 / 吨矿物量</td><td colspan="3">8</td><td>7</td><td></td></tr>
<tr><td>5</td><td>叶蜡石</td><td></td><td>元 / 吨矿石量</td><td colspan="3">2.2</td><td>1.8</td><td></td></tr>
<tr><td rowspan="4">6</td><td rowspan="4">铁</td><td>TFe≥30%</td><td>元 / 吨矿石量</td><td colspan="3">3.4</td><td>2.7</td><td></td></tr>
<tr><td>20%≤TFe<30%</td><td>元 / 吨矿石量</td><td colspan="3">2.0</td><td>1.6</td><td></td></tr>
<tr><td>10%≤TFe<20%</td><td>元 / 吨矿石量</td><td colspan="3">1.1</td><td>0.9</td><td></td></tr>
<tr><td>TFe<10%</td><td>元 / 吨矿石量</td><td colspan="3">1.0</td><td>0.8</td><td></td></tr>
<tr><td>7</td><td>锰</td><td></td><td>元 / 吨矿石量</td><td colspan="3">7.5</td><td>5.9</td><td></td></tr>
<tr><td>8</td><td>铜</td><td></td><td>元 / 吨金属量</td><td colspan="3">383</td><td>299</td><td></td></tr>
<tr><td rowspan="2">9</td><td rowspan="2">铅锌</td><td>铅</td><td>元 / 吨金属量</td><td colspan="3">126</td><td>98</td><td></td></tr>
<tr><td>锌</td><td>元 / 吨金属量</td><td colspan="3">116</td><td>90</td><td></td></tr>
<tr><td>10</td><td>钼</td><td></td><td>元 / 吨金属量</td><td colspan="3">1 955</td><td>1 525</td><td></td></tr>
<tr><td>11</td><td>钨</td><td></td><td>元 / 吨金属量</td><td colspan="3">1 063</td><td>829</td><td></td></tr>
<tr><td>12</td><td>锡</td><td></td><td>元 / 吨金属量</td><td colspan="3">978</td><td>763</td><td></td></tr>
</table>

续表

序号	矿种		单位（保有资源储量）	采矿权基准价	探矿权基准价	备注
13	锑		元 / 吨金属量	290	226	
14	镍		元 / 吨金属量	1 301	1 015	
15	金		元 / 克金属量	5	3.9	
16	银		元 / 千克金属量	65	51	
17	铍		元 / 千克金属量	51	40	
18	铷		元 / 克金属量	1.6	1.2	
19	耐火粘土		元 / 吨矿石量	2.3	2.2	
20	冶金用白云岩		元 / 吨矿石量	1.4	1.4	
21	冶金用石英岩		元 / 吨矿石量	2.3	2.2	
22	冶金用脉石英		元 / 吨矿石量	2.5	2.1	
23	硫铁矿		元 / 吨矿物量	9	7.4	
24	明矾石		元 / 吨矿石量	2.9	2.4	
25	高岭土		元 / 吨矿石量	4.5	3.7	
26	陶瓷土		元 / 吨矿石量	2.9	2.4	
27	膨润土		元 / 吨矿石量	4.5	3.7	
28	伊利石		元 / 吨矿石量	2	1.6	
29	沸石		元 / 吨矿石量	2.6	2.1	
30	珍珠岩		元 / 吨矿石量	2.2	1.8	
31	钠长石岩		元 / 吨矿石量	2.8	2.3	
32	重晶石		元 / 吨矿石量	3.8	3.1	
33	硅灰石		元 / 吨矿石量	3.9	3.2	
34	方解石		元 / 吨矿石量	2.5	2.0	大理岩、结晶灰岩
				3.0	2.5	溶洞型、热液脉型
35	饰面石材	饰面用辉绿岩、饰面用闪长岩	元 / 立方米荒料	32	31	深色系列花岗岩
		饰面用花岗岩	元 / 立方米荒料	11	11	红色系列花岗岩
		饰面用大理岩	元 / 立方米荒料	12	12	
		饰面用板岩	元 / 立方米荒料	17	17	
		条石	元 / 立方米荒料	9	8.8	
36	玻璃用石英岩		元 / 吨矿石量	2.4	2.3	

续表

序号	矿种		单位（保有资源储量）	采矿权基准价	探矿权基准价	备注
37	水泥配料	水泥配料用砂岩、水泥配料用页岩、水泥配料用泥岩、水泥配料用粘土	元 / 吨矿石量	2.4	2.3	
38	建筑用砂		元 / 吨矿石量	4.6	—	天然砂
39	砖瓦用粘土		元 / 吨矿石量	1.3	—	
40	矿泉水		元 / 立方米	3.2	2.6	允许开采量
41	地热		元 / 立方米	1.5	1.0	允许开采量
空白区探矿权出让收益市场基准价						
序号	矿产分类		单位（勘查面积）	探矿权基准价		备注
1	金属矿产		万元 / 平方千米	11		
2	非金属矿产（除石灰岩等矿产外）		万元 / 平方千米	27		
3	地热、矿泉水		万元 / 平方千米	18		

说明：1. 保有资源储量指经评审备案的（333）及以上类别的资源储量；

2. 矿石品位以评审备案的矿区平均品位为准；

3. 根据（国土资发〔2006〕12 号）规定，第三类矿产直接出让采矿权，故不设探矿权基准价；

4. 根据（浙土资办〔2012〕128 号）规定，石灰岩等矿产先由财政出资勘查，故不设空白区探矿权基准价；

5. 表中未列矿种的基准价，参照相近矿种或相似用途矿种的基准价执行。

附件 2

浙江省矿业权出让收益市场基准价使用说明

一、基准价使用原则

浙江省矿业权出让收益市场基准价实施后，通过招标、拍卖、挂牌等竞争方式出让矿业权的，矿业权出让收益底价不得低于矿业权出让收益基准价；通过协议方式出让矿业权的，矿业权出让收益按照评估价值、基准价就高确定。

二、单宗矿业权出让收益基准价计算

1. 采矿权出让收益基准价和有查明资源储量的探矿权出让收益基准价按下式计算：

采矿权（探矿权）出让收益基准价 = Σ［单矿种保有资源储量 × 对应矿种采矿权（探矿权）基准价］

共生矿基准价按 100% 计，伴生矿基准价按 60% 计。

上式中的保有资源储量，是指经可信度系数调整后的保有资源储量。按下式换算：

（1）金属、非金属矿产保有资源储量

保有资源储量 = 探明的资源储量 + 控制的资源储量 + 推断资源量 × 可信度系数

其中：有色金属及贵金属矿产可信度系数取 0.6；

其他高风险矿产（第一类矿产）可信度系数取 0.7；

低风险矿产（第二类矿产）可信度系数取 0.8。

无风险矿产（第三类矿产）直接估算控制程度资源储量，不考虑可信度系数。

（2）地热、矿泉水保有资源储量

保有资源储量 = 拟出让年限 × 允许年开采量

2. 矿产勘查空白区或者虽投入一定勘查工作但无查明资源储量的探矿权出让收益基准价按下式计算：

探矿权出让收益基准价 = 勘查面积 × 对应矿产空白区探矿权基准价

三、基准价调整

浙江省矿业权出让收益市场基准价根据市场情况实行动态调整，原则上每两年更新一次，当矿产品市场价格变化幅度较大时将及时调整。

四、建筑石料基准价地区分类

一类地区：杭州市市区，宁波市市区、余姚市、慈溪市，湖州市，嘉兴市，绍兴市市区，舟山市；

二类地区：建德市、桐庐县、淳安县，宁海县、象山县，温州市（除文成县、泰顺县以外），诸暨市、嵊州市、新昌县，台州市，金华市（除磐安县以外），衢州市（除开化县以外），丽水市莲都区、青田县、缙云县；

三类地区：除一类、二类地区以外的其他偏远山区县（市）。

浙江省国土资源厅办公室

2018 年 7 月 31 日印发

国家发展改革委　财政部 关于不动产登记收费标准等有关问题的通知

发改价格规〔2016〕2559号

国土资源部，各省、自治区、直辖市发展改革委、物价局、财政厅（局），新疆生产建设兵团发展改革委、财务局：

为保护不动产权利人合法权益，规范不动产登记收费行为，现就不动产登记收费标准及有关问题通知如下：

一、不动产登记收费标准。县级以上不动产登记机构依法办理不动产权利登记时，根据不同情形，收取不动产登记费。

（一）住宅类不动产登记收费标准。落实不动产统一登记制度，实行房屋所有权及其建设用地使用权一体登记。原有住房及其建设用地分别办理各类登记时收取的登记费，统一整合调整为不动产登记收费，即住宅所有权及其建设用地使用权一并登记，收取一次登记费。规划用途为住宅的房屋（以下简称住宅）及其建设用地使用权申请办理下列不动产登记事项，提供具体服务内容，据实收取不动产登记费，收费标准为每件80元。

1. 房地产开发企业等法人、其他组织、自然人合法建设的住宅，申请办理房屋所有权及其建设用地使用权首次登记；

2. 居民等自然人、法人、其他组织购买住宅，以及互换、赠与、继承、受遗赠等情形，住宅所有权及其建设用地使用权发生转移，申请办理不动产转移登记；

3. 住宅及其建设用地用途、面积、权利期限、来源等状况发生变化，以及共有性质发生变更等，申请办理不动产变更登记；

4. 当事人以住宅及其建设用地设定抵押，办理抵押权登记（包括抵押权首次登记、变更登记、转移登记）；

5. 当事人按照约定在住宅及其建设用地上设定地役权，申请办理地役权登记（包括地役权首次登记、变更登记、转移登记）。

为推进保障性安居工程建设，减轻登记申请人负担，廉租住房、公共租赁住房、经济适用住房和棚户区改造安置住房所有权及其建设用地使用权办理不动产登记，登记收费标准为零。

（二）非住宅类不动产登记收费标准。办理下列非住宅类不动产权利的首次登记、转移登记、变更登记，收取不动产登记费，收费标准为每件550元。

1. 住宅以外的房屋等建筑物、构筑物所有权及其建设用地使用权或者海域使用权；

2. 无建筑物、构筑物的建设用地使用权；

3. 森林、林木所有权及其占用林地的承包经营权或者使用权；

4. 耕地、草地、水域、滩涂等土地承包经营权；

5. 地役权；

6. 抵押权。

不动产登记机构依法办理不动产查封登记、注销登记、预告登记和因不动产登记机构错误导致的更正登记，不得收取不动产登记费。

二、证书工本费标准。不动产登记机构按本通知第一条规定收取不动产登记费，核发一本不动产权属证书的不收取证书工本费。向一个以上不动产权利人核发权属证书的，每增加一本证书加收证书工本费10元。

不动产登记机构依法核发不动产登记证明,不得收取登记证明工本费。

三、收费优惠减免。对下列情形,执行优惠收费标准。

(一)按照本通知第一条规定的收费标准减半收取登记费,同时不收取第一本不动产权属证书的工本费:

1. 申请不动产更正登记、异议登记的;

2. 不动产权利人姓名、名称、身份证明类型或者身份证明号码发生变更申请变更登记的;

3. 同一权利人因分割、合并不动产申请变更登记的;

4. 国家法律、法规规定予以减半收取的。

(二)免收不动产登记费(含第一本不动产权属证书的工本费):

1. 申请与房屋配套的车库、车位、储藏室等登记,不单独核发不动产权属证书的(申请单独发放权属证书的,按本通知第一条规定的收费标准收取登记费);

2. 因行政区划调整导致不动产坐落的街道、门牌号或房屋名称变更而申请变更登记的;

3. 小微企业(含个体工商户)申请不动产登记的;

4. 农村集体经济组织成员以家庭承包或其他方式承包取得农用地的土地承包经营权申请登记的;

5. 农村集体经济组织成员以家庭承包或其他方式承包取得森林、林木所有权及其占用的林地承包经营权申请登记的;

6. 依法由农民集体使用的国有农用地从事种植业、林业、畜牧业、渔业等农业生产,申请土地承包经营权登记或国有农用地使用权登记的;

7. 因农村集体产权制度改革导致土地、房屋等确权变更而申请变更登记的;

8. 国家法律、法规规定予以免收的。

(三)只收取不动产权属证书工本费,每本证书10元:

1. 单独申请宅基地使用权登记的;

2. 申请宅基地使用权及地上房屋所有权登记的;

3. 夫妻间不动产权利人变更,申请登记的;

4. 因不动产权属证书丢失、损坏等原因申请补发、换发证书的。

四、不动产登记计费单位。不动产登记费按件收取,不得按照不动产的面积、体积或者价款的比例收取。申请人以一个不动产单元提出一项不动产权利的登记申请,并完成一个登记类型登记的为一件。申请人以同一宗土地上多个抵押物办理一笔贷款,申请办理抵押权登记的,按一件收费;非同宗土地上多个抵押物办理一笔贷款,申请办理抵押权登记的,按多件收费。

不动产单元,是指权属界线封闭且具有独立使用价值的空间。有房屋等建筑物、构筑物以及森林、林木定着物的,以该房屋等建筑物、构筑物以及森林、林木定着物与土地权属界线封闭的空间为不动产单元。房屋包括独立成幢、权属界线封闭的空间,以及区分套、层、间等可以独立使用、权属界线封闭的空间。没有房屋等建筑物、构筑物以及森林、林木定着物的,以土地权属界线封闭的空间为不动产单元。

五、登记费缴纳。不动产登记费由登记申请人缴纳。按规定需由当事各方共同申请不动产登记的,不动产登记费由登记为不动产权利人的一方缴纳;不动产抵押权登记,登记费由登记为抵押权人的一方缴纳;不动产为多个权利人共有(用)的,不动产登记费由共有(用)人共同缴纳,具体分摊份额由共有(用)人自行协商。

房地产开发企业不得把新建商品房办理首次登记的登记费,以及因提供测绘资料所产生的测绘费等其他费用转嫁给购房人承担;向购房人提供抵押贷款的商业银行,不得把办理抵押权登记的费用转嫁给购房人承担。

六、做好政策衔接。已实行不动产统一登记制度的地方,不动产登记机构按上述规定收费标准收取不动产登记费,原分部门制定的有关土地登记、房屋登记收费标准,土地承包经营权证、林权证工本费标准,以及各地制定的其他有关土地、房屋登记资料查询、复制、证明的收费标准一律废止。

尚未实行不动产统一登记制度的地区,土地登记费、房屋登记费、土地承包经营权证工本费、林权证工本费收费标准仍按原有相关规定执行,实行不动产统一登记制度后,即按本通知规定的收费标准执行。

七、规范不动产登记收费行为。除不动产权利首次登记,不动产界址、空间界限、面积等自然状况发生变化,以及不动产登记申请人要求重新测量外,不动产登记机构已有不动产测绘成果资料的,不得要求不动产登记申请人重复提供并收费。

不动产登记机构应认真执行收费公示制度,严格按本通知规定收费,不得擅自增加收费项目、扩大收费范围、提高收费标准或加收其他任何费用,并自觉接受价格、财政部门的监督检查。

本通知自印发之日起执行。其他与本通知不符的规定同时废止。

国家发展改革委
财　政　部
2016年12月6日